“大数据 +BIM”工程造价管理探究

于洋 著

吉林教育出版社

图书在版编目（CIP）数据

“大数据 +BIM”工程造价管理探究 / 于洋著. — 长春 : 吉林教育出版社, 2019.7（2024.1重印）
ISBN 978-7-5553-7363-6

Ⅰ. ①大… Ⅱ. ①于… Ⅲ. ①建筑造价管理—应用软件—研究 Ⅳ. ①TU723.3-39

中国版本图书馆CIP数据核字（2019）第147203号

"DA SHUJU+BIM"GONGCHENG ZAOJIA GUANLI TANJIU
“大数据+BIM”工程造价管理探究

著　　者　于　洋
责任编辑　王　威　　　　装帧设计　飒　飒

出版发行　吉林教育出版社
（长春市同志街1991号　130021）
印　　刷　三河市元兴印务有限公司

开　　本　787mm×1092mm　1/16
印　　张　9.75
字　　数　110千字
版　　次　2020年6月第1版
印　　次　2024年1月第3次印刷
定　　价　68.00元

前 言

随着工程造价实际工作中对信息技术的广泛应用，工程造价行业已经进入大数据时代。在大数据时代，工程造价行业面临着很多问题。工程造价信息数据还没有统一的标准，信息互联互通困难，还存在着很多的“信息孤岛”；工程造价信息数据更新速度慢，信息的价值没有得到很好体现等。建设工程项目具有周期长、参与方多以及建设过程信息量大等特点。虽然近年产生许多专业造价软件，摆脱了传统手工造价的束缚，但是在信息数据共享以及沟通上不能很好地与工程建设其他过程相衔接，而 BIM（Building Information Modeling）技术可以将工程项目相关信息整合到一个信息模型中，促进项目各参与方的信息数据共享与沟通交流，从而更好地节约项目建设成本。因此，运用 BIM 技术实现建设项目的工程造价管理是现代建筑行业发展的新态势。

本书基于大数据的工程造价信息管理平台来解决这些问题，充分挖掘工程造价行业信息数据的价值，为决策提供依据，同时提高工程造价实际工作效率，促进工程造价行业发展。全书共有六章，首先，通过 BIM 技术的应用，以国内外工程造价管理现存模式的对比，寻找出我国工程造价管理中存在的问题，提出基于 BIM 技术的工程造价全寿命周期管理的知识结构；其次，对 BIM 技术在工程造价全寿命周期管理中各个阶段的具体应用情况进行针对性分析研究，并辅以实际工程案例作为应用分析；最后，对 BIM 技术在工程造价管理中的应用价值与阻碍因素进行数学模型分析，并对此提出了建议。

本书调查分析了工程造价信息管理的国内外研究现状，指出了目前工程造价信息管理中面临的问题，针对这些问题提出了构建基于大数据的工程造价信息管理平台，阐述了平台建设的意义，并且设计了基于 hadoop

技术的平台总体架构、技术架构及组织架构，充分考虑了工程造价信息大数据环境，利用主流的技术对工程造价信息进行采集、存储和分析，同时采用 hadoop 集群的组织架构来提高平台运行效率。

本书实现了大数据思想在工程造价信息管理平台中的应用。对工程造价信息数据进行了采集，利用数据库对数据进行存储，将数据挖掘算法与大数据架构相结合，引入了灰色预测、基于 Map Reduce 的聚类算法，对工程造价信息数据进行挖掘分析。从而提出了平台的组织、建设及运作策略，提出了要建立完善的沟通及管理机制，要充分考虑平台建设的全过程风险，要及时、高效地采集、整理和发布数据，并用合适的制度和技术来保障平台安全。

本书分析了工程项目造价风险管理存在的问题，探讨了使用 BIM 技术进行工程造价风险管理前景和优势，同时讨论了以 BIM 技术为基础的建设项目造价风险是比较特殊的，以及应用和推广 BIM 技术的问题和障碍，并给出了几点解决这些问题的对策。

本书在撰写过程中，参考和借鉴了许多专家学者的文献资料和研究成果，具体已在参考文献中一一列出，在此对他们表示衷心的感谢！由于作者学识有限，修订成文时间较为紧张，因此书中有不妥和错误之处在所难免，欢迎广大读者批评指正。

作者

2018 年 7 月

目 录

第一章 “大数据 +BIM”工程造价管理的理论基础

第一节 大数据和 BIM 技术概念与特征

一、大数据概念及其特征诠释

目前对大数据还没有一个大家认可统一的定义，但是它绝对不单单是指庞大的、海量的数据，目前大多数的定义都是从大数据的特点来给出的。

维基百科给出了这样的定义，大数据是一种人工在合理时限内无法处理整合的规模巨大的抽象信息。数据规模如此巨大，以至于人类没有办法对其进行精准的科学活动。而有的人认为，大数据不应该被这样定义，在他们看来大数据就是高速获取有效信息。前者是从大数据本身出发所给出的描述性概念，后者表述了大数据的重大作用。所以，给予大数据大家普遍认同的定义，几乎是不能达到的。不同的群体站在不同的逻辑出发点所接受的大数据方面是不一样的，这也表明大数据在具有一般价值的同时也具有特定价值。

从宏观角度来看，连接物理世界、信息空间和人类社会的纽带就是大数据。因为物理世界通过互联网、物联网等技术有了在信息空间的大数据反映，而人类社会则借助人机界面、脑机界面、移动互连等手段在信息空间中产生自己的大数据映像。从信息产业的角度来讲，大数据还是新一代信息技术产业发展的强劲推动力。

“大数据”一词自 2009 年提出以来，在互联网 IT 行业逐渐流行，但仍然没有严谨的定义，这也说明这一概念在数据分析行业有着无限的发展空间以及无穷的潜在价值。

大数据科学，顾名思义就是寻找快速发展和运营的网络中的规律，并且将其应用于验证大数据和人类社会之间复杂的关系中。大数据工程是通过规划建设大数据并运营管理整个系统。大数据应用主要体现在业务需求方面，而在此之前，大数据需要对包括大规模并行处理（MPP）数据库、分布式文件系统、数据挖掘电网、云计算平台、分布式数据库、互联网和可扩展的存储系统的数据进行有效处理和精准分析。以上大数据科学、大数据工程和大数据应用便是现今主要的大数据技术。

现在用于大数据分析的两个工具主要包括 Hadoop HDFS、HadoopMapReduce、HBase 等的开源大数据和一体机数据库、数据仓库及数据集市在内的商用两个生态圈。由于大型数据集分析需要大量计算机持续高效分配工作，而大量非结构化数据需要大量时间和金钱来处理分析关系型数据库，因此大数据分析和云计算经常被同时提及。和传统的大数据不同的是，现在的大数据分析存在数据仓库数据量大、查询分析复杂的问题。

目前大数据把时间作为处理要求，流处理和批处理是两种主要的处理方式。流处理广泛应用于在线数据，一般而言都是秒或毫秒级别的。其技术在某种程度上已经比较成熟了，比如 Storm、S4 和 Kafka 这种具有代表性的开源系统。流处理会在最快时间内处理得到的数据并且分析得出精准科学的结果，因为它是处理假设数据的潜在价值，着重于数据的新鲜度。数据接连传送过来，携带了巨量的数据，其中只有相当小的部分被保存在十分有限的内存中。而批处理通俗来讲就是数据先被储存再被分析。MapReduce 就是其中具有重要意义的批处理模型。数据先被分成若干小数据 chunks，接着并行处理且以分布的方式得出中间结果，最后被合并产生最终结果。由于 MapReduce 非常的简单高效，所以它在生物信息、Web 挖掘和机器学习中被大规模应用。以上两种不同的处理方式会让相关平台在结构上产生不同。

结构化数据分析、文本分析、Web 数据分析、多媒体数据分析、社交网络数据分析和移动数据分析等从数据生命周期、数据源、数据特性等方面总结比较核心的数据分析方法。企业可以针对自身的需求，应用某种数据分析方法来分析自身拥有的数据，进而从数据中发现问题，如产品设计问题、运营策略问题、战略规划问题。

大数据总体上有四个特点：第一，数据量巨大，从TB级别跃升到PB级别。第二，数据类型繁多，它包括多种结构化的数据。第三，处理速度快，数据的处理速度可以快到只要1秒的时间。第四，只要对数据进行充分的挖掘、分析，就会产生很高的价值。大数据特点也可以归纳为4个“V”——Volume(数据量庞大)、Variety(数据种类繁多)、Velocity(处理速度快)、Value(高价值)。

(一)数据量巨大(Volume)

数据量巨大是大数据和传统数据最显著的区别，它不仅指数据需要的存储空间大，也指数据的计算量巨大，通常可以达到PB级以上的计量，而一般数据的数据量在TB级。产生这么巨大的数据量有三方面的原因：一是由于技术的发展，人们会使用各种各样的设备，使人们能够了解到更多的事物，而这些数据都可以保存；二是由于各种通信工具的使用，使人们能够随时保持联系，这就使得人们交流的数据量快速增长；三是由于集成电路价格低廉，让许多设备都有智能的成分。

数据量的大小间接体现了大数据技术处理数据的能力。数据的基本单位是字节(Byte)。对于传统企业来说，数据量一般在TB级，而对于一些大型企业，比如大型搜索引擎百度、谷歌、新浪微博以及淘宝网等，数据量则达到PB级。目前的大数据技术处理的数量级一般指PB级以上的数据。

(二)数据类型多样化(Variety)

大数据拥有多种多样的数据类型，既可以是单一的文本形式或结构化的表单，也可以是半结构化的数据或非结构化的数据，比如语音、图像、视频、地理位置信息、网络日志、订单等。

结构化的数据便于人和计算机对事物进行存储、处理和查询，在结构化的过程中，直接抽取了有价值的信息，而对于新增数据可以用固定的技术进行处理。存储和处理非结构数据是相当麻烦的，因为在存储数据的同时还要存储各种各样的数据结构。目前非结构化的数据已经占了总数据的3/4以上，而且随着数据的迅猛增长，新的数据类型越来越多，传统的数据处理已经越来越不能满足需求。

大数据不仅量大，而且种类繁多。在这庞大的数据量中，4 / 5 的数据属于非结构化数据，它们来自物联网、社交网络等各个领域，只有小部分属于结构化的数据。

1. 结构化数据

传统的关系数据模型、行数据，存储于数据库中。以表格形式呈现的数据，表格每一列的数据类型相同。其典型的场景如企业 ERP、财务系统、医疗 HIS 数据库、教育一卡通、政府行政审批等，而高速存储、数据备份、数据共享和数据容量可以满足这些应用对存储数据的基本要求。

2. 非结构化数据

没有标准格式，不能直接得出对应值，比如文本、图像、语音、视频、网页等。其中文本是在掌握了元数据结构时，由机器生成的数据。图像中的图像识别算法已经逐渐成为主流。音频的发展仅停留在解译音频流数据的内容，并能够判断说话者的情绪，再者就是用文本的分析技术对部分数据进行分析。视频是最具有挑战性的数据类型，目前还不能完全对视频内容进行分析。非结构化数据的增长速度很快，在对非结构化数据进行整理、组织和分析的同时可以增强企业的竞争实力。

3. 半结构化数据

类似 XML、HTML，数据结构和内容混杂在一起。介于结构化和非结构化数据之间，一般是纯文本数据，比如日志数据、温度数据等。其典型场景，如数据挖掘系统、Web 集群、邮件系统、档案系统、教学资源库等。数据存储、数据备份、数据共享以及数据归档等可以满足这些应用对存储数据的基本要求。

（三）数据处理速度快（Velocity）

大数据的增长速度极快，几乎是爆发性增长，所以对数据存储和处理速度也要求极高。面对海量的数据，需要对其进行实时分析并获取有价值的信息。在数据处理速度快的条件下，还要综合考虑数据处理的及时性，这和传统的数据分析处理有着显著的区别。由于数据不是静止的，而是不断流动的，并且数据的价值随着时间的流逝不断下降，所以要求数据处理的及时性。在现在的应用中，大数据往往以数据流的方式产生，并且快速流动、消失，数据不稳定，这就使得对数据处理的实时性有着较高要求。

（四）数据潜在价值大（Value）

从商业应用领域来看，挖掘出大数据潜在的惊人价值是目前对大数据投入资本的根本出发点和落脚点，对数据进行合乎情理的运用和有效的分析，可以收获巨大的价值利润。

另外，大数据还具有低密度的特征。在海量的数据中，有价值的信息只占一部分。换句话说，数据量呈指数增长的同时，隐藏在海量数据里面的有用信息并没有同样增长，而如何将这些有价值的信息准确地挖掘出来，也是目前亟须解决的问题。

二、BIM 技术概念

BIM 是英文术语缩写，即“Building Information Modeling”，中文译为“建筑信息模型”，它是对一个项目的实体和功能特性转换的数字化表达方式。建筑信息模型对于建筑类和工程类都是一种新工具，利用建设项目信息的输入，建立虚拟建筑物的概念模型。它具有可视化、协调性、模拟性、优化性和可出图性五大特点。在 BIM 数据存储信息的建设中主要是基于各种数字技术，以数字信息模型作为各项目建设的基础，开展相关工作。

在建设项目的全寿命周期中，BIM 可以实现综合信息管理。该信息模型结合了相应的施工项目管理行为信息。因此，在某些情况下，建筑信息模型可以模拟真实的建筑施工工程分析，如建筑日照分析、外维护结构导热分析等。

将 BIM 技术应用下所创建的 3D 模型中加入第四维度——时间，便形成具有可视化模拟施工过程功能的 4D 模型，该模型可以用来研究施工任务的可行性、进行施工计划的安排与优化等，从而减少施工风险。BIM5D 技术则是在 BIM4D 模型的基础上加入成本维度，从根本上打破了传统虚有其表的动画展示建设过程的方式，重新定义了 BIM 技术中的可视化虚拟建造功能，这一功能实现了工程管理者在工程建设行为发生之前，对工程建设过程中的各个关键部位的施工组织方案、资金使用计划、材料及劳动力需求计划的预测，在事前发现问题并及时优化解决可能预见的问题。BIM5D 模型是工程量、工程进度、工程造价数据的集合体，不仅能实现传统意义的工程量统计，还能将构件三维可视模型与 WBS 工作衔接，实现对施工过程中进度与成本的实时监控。

BIM3D 是建设项目信息化、虚拟建造技术的基础信息模型，加入时间与成本维度后，才能够成立“三控两管”（进度、成本、质量、合同、资源）项目目标总控系统。总而言之，BIM5D 技术的出现，为解决我国工程造价管理体系现存的问题提供了新的发展思路，对建筑行业信息化发展具有重大意义。

三、BIM 技术特征

（1）可视化，就是能“看得见”的形式，如果可以真正地在建筑行业运用 BIM 的可视化，那其产生的作用是非常大的。比如说，一般设计院给出的建筑施工图纸都是平面的，并且只是线条绘制的构件信息，建筑的整个立体图形只能依靠各参与人员的想象能力。这种想象对于造型简单、常见的建筑图纸来说没有什么问题，但是现代设计师讲求创新精神，往往建筑形式各异、奇特，如此复杂的形式只依靠项目参与人员的想象未免不太现实。因此，将 BIM 技术应用于工程项目建设施工，便是利用了其中的一个特点——可视化，将传统工程项目的构件信息经过软件建立起可视化三维模型，并且 BIM 在工程建设的各个阶段都是在可视化的状态下进行的，比如项目决策、设计、建造，甚至于使用阶段，都可以做到可视化。

（2）协调性，它是 BIM 技术的重要内容。业主、设计师、施工单位需要相互配合、协调工作，在施工过程中难免会遇到一些问题，这就需要将项目建设各介入方组织起来开会，做出适度的调整并提出相应的措施以解决问题。在工程项目设计阶段，各专业设计师之间缺乏沟通，导致构件之间在实际施工过程中产生碰撞等问题，而 BIM 技术的协调性就可以处理这种问题，BIM 软件可以在设计图纸出图完成后，将图纸构件信息输入到 BIM 软件中，软件便会进行碰撞检查，生成协调报告，以供各专业设计人员及时发现碰撞问题。做到事前控制，而不是事后发现再采取补救措施，这样就大大节约了时间与资金成本，避免造成施工过程中的浪费。BIM 不仅能解决各构件之间的碰撞问题，还可以解决专业内部的布置协调问题，比如电梯井的布置、防火设备的分布格局等。

（3）模拟性，BIM 可以对建筑物的外观形态与实操事物进行模拟，比如可以对设计的事物进行节能模拟、热传导模拟、安全通道疏散模拟以及日照分析模拟等；在施工阶段，可以利用 BIM4D 技术对施工组织计划、进度进行实际模拟，从而确定更加合理、更接近现实情况的施工组织方案；在施工过程中，还可以利用 BIM4D 技术加入成本维度即 BIM5D 技术对施工阶段的成本进行动态监控，实现成本管控等。

（4）优化性，对工程建设项目的管理就是对其进行持续优化的过程，虽然BIM不能直接对其进行优化，但是建筑信息模型可以实现动态优化。信息、时间和复杂程度是优化的三要素。BIM 模型可以为项目优化过程提供类似物理、几何规则等实物信息；时间是优化的第二要素，只有经过一定时间才可以实现对事物的优化，并且优化过程不是一成不变的，而是动态的，建筑信息模型就是对建筑物的动态控制优化的模型基础；现代基于创新形式的建筑物越来越多，其建设过程的复杂程度也越来越大，传统的管理方法已经力不从心，而 BIM 系统工具优化此类复杂项目却得心应手，BIM 可以对建筑物进行方案及特殊设计的优化。

（5）可出图性，BIM 模型所出的图是经过可视、协调及优化之后的三维设计方案，比如说经过碰撞检查、修改优化设计之后的综合管线图、预留孔洞图以及碰撞检查报告、改进方案等。

第二节 Hadoop技术和大数据处理流程

一、Hadoop技术

Hadoop技术是Apache公司推出的公开的计算机平台，它是用JAVA来实现Google分布式框架，具有可靠性高、容错性好等优点。除此以外，Hadoop不需要很高的硬件环境，只需普通PC即可，成本较低。Hadoop使用了分布均衡策略，用它来处理大数据，可以加快读写速度，同时Hadoop平台封装了底层开发细节，用户在它上面开发分布式程序，只需要关注设计逻辑不用关心底层开发细节，这样用户可以节省开发时间。由于Hadoop的优点，它是目前在大数据环境下的主流数据处理技术，当前全球最大的社交网络公司facebook公司的数据处理就应用了Hadoop技术，我国的知名互联网公司百度与阿里巴巴也使用了Hadoop技术。Hadoop集群有主次两个结构，拥有一个中心节点和多个子节点。中心节点Master运行着NameNode（名字节点）和Jobtracker（工作执行），名字节点的作用主要是管理文件系统，将元数据信息存放在文件中。Jobtracker的作用主要是在管理中执行任务。分布式子节点上运行DataNode（数据节点）和Tasktracker（任务执行），DataNode的作用是存储其附带的数据信息，Tasktracker作用是执行任务。数据存储过程中，中心节点的名称节点先将文件进行分割然后将其分散在数据节点中。

HadoopCommon主要包括支持Hadoop架构的基础性功能，包括文件系统、远程调用协议和数据串行化库等。MapReduce在Hadoop框架中主要负责对大数据进行并行计算。HBse是基于Hadoop的数据库，它不用于一般的关系型数据库，它可以用于非结构化的大数据存储。Hive是基于Hadoop的数据仓库，它提供了强大的SQL查询工具，可以将SQL转换为MapReduce任务进行运行。Pig是一个用于大数据分析的工具，它能够支持并行处理。Zookeeper主要用于维护基于Hadoop集权的配置信息、命令信息等。

其中HDFS和MapReduce是Hadoop集群的核心。Hadoop集群上大数据的分布式存储由HDFS实现，它具有较高容错性与较好的伸缩性。Hadoop集群上大数据的并行处理由MapReduce实现，它具有逻辑简单、底层透明等优点。HDFS在MapReduce任务处理过程中主要对文件进行读、写，MapReduce对存放在HDFS上的文件进行分布式计算。

二、大数据处理流程

大数据处理数据过程如下：

图1-1 大数据处理流程

（1）数据采集，大数据的种类繁多，处理起来比较困难。在对大数据进行处理时，首先要抽取数据源，然后将相关数据集成，之后提取相关联系和实体，提取时采用关系和聚合的方法，在提取和集成的过程中，还要对大数据进行倾斜，只有这样提取和集成的数据才有较高的质量和可行性，最后用合适的方式来存储大数据。当前，主流的数据库技术都具有成熟的抽取和集成模式。

（2）数据分析，数据分析是大数据处理的过程中的最关键的步骤，它主要是从数据源中挖掘出大数据的价值。目前大数据的应用过程中面临着很多新的问题：需要更好地挖掘数据的价值；需要调整算法与大数据处理相适应，大数据处理过程要求算法不仅要有较高的准确性，而且要求算法还要具有实时性的特点，这对算法提出了更高的要求。虽然在大数据处理流程中数据分析是最关键的步骤，但是分析结果的好坏程度需要有一套评估体系来进行评估，如何建立一套与大数据相适应的评估系统也是大数据处理的难点。

（3）数据解释，大数据环境下的大数据处理除了用传统的方式将处理结果以文本与图像等方式在电脑终端上显示外，还需要更多的交互手段来实现智能化的需求。

第三节 工程造价管理的基本内容

工程造价管理是指综合运用管理学、经济学和工程技术等方面的知识与技能。对工程造价进行预测、计划、控制、核算、分析和评价等的过程。实施工程造价管理，首先需要明确工程造价的基本内容、工程造价的构成；其次理解工程造价管理的原理。本模块主要介绍工程造价的含义、工程造价管理的含义等内容。

一、工程造价及计价特征

工程造价的确定主要是计算或确定工程建设各个阶段工程造价的费用目标，即工程造价目标值的确定。要合理确定和有效控制工程造价，提高投资效益，就必须在整个建设过程中，由宏观到微观、由粗到细分阶段预先定价，也就是按照建设程序和阶段的划分，在影响工程造价的各主要阶段，分阶段事先定价，上阶段控制下阶段，层层控制，这样才能充分、有效地使用有限的人力、物力和财力资源。这也是由工程建设客观规律和建筑业生产方式特殊性决定的。

一般而言，工程估价是指工程项目开始施工之前，预先对工程造价的计算和确定。工程估价包括业主方的工程估价（具体表现形式为投资估算、设计概算、施工图预算、招标工程标底或工程合同价等）也包括承包商的工程估价（具体表现形式为工程投标报价、工程合同价等）。工程估价的形式和方式有多种，各不相同，但基本原理是相同的。

（一）工程造价的含义

建筑工程造价是指完成一个建设项目所需费用的总和，或者说是一种承包交易价格或合同价。工程造价管理是以建筑工程（工程项目）为研究对象，以工程技术、经济、管理为手段，以效益为目标，技术、经济、管理相结合的一门交叉的边缘学科。工程造价包涵两种含义。

第一层含义从投资者角度分析，是指建设一项工程预期开支或实际开支的全部固定资产投资费用，包括设备工程器具购置费、建筑安装工程费、工程建设其他费、预备费、建设期贷款利息和固定资产投资方向调节税费用。

第二层含义是从市场交易角度分析，工程造价是指在承发包交易活动中形成的建筑安装工程费用或建设工程总费用。这里的工程既可以是整个建设工程项目，也可以是一个或几个单项工程或单位工程，还可以是其中一个分部工程，如建筑安装工程、装饰装修工程等。

由于工程造价具有大额性、个别性和差异性、动态性、层次性及兼容性等特点，所以工程计价的内容、方法及表现形式也就各不相同。业主或其委托的咨询单位编制的建设项目的投资估算价、设计概算价、标底价、承包商或分包商提出的报价都是工程计价的不同表现形式。

建设成本是对投资方、业主、项目法人而言的。为谋求以较低投入获取较高产出，在确保建设要求、工程质量的基础上，建设成本总是越低越好，这就必须对建设成本实行从前期开始的全过程控制和管理。国家也需要有必要的政策引导和监督，从国民经济的整体利益出发，通过利率、税收、汇率、价格政策、强制性标准法规等左右建设成本的高低走向。对国家投资的项目而言，也不排除由国家实施必要的行政监管、控制措施。

承发包价格是对发包方、承包方而言的。双方的利益要求存在矛盾，在具体工程上，各自通过市场谋求取得有利于自身的合理的承包价，并保证价格的兑现和风险的补偿，因此双方都有对具体工程的价格管理问题。另一方面，市场经济是需要引导的，为了保证市场竞争的规范有序，保持市场定价的合理，避免各种类型包括不合理涨价、压价在内的不正当行为的发生，国家也必须加强对市场定价的管理，进行必要的调控和监督。

（二）工程造价的构成

投资构成包含固定资产和流动资产两部分。工程造价由设备及工器具购置费、建筑安装工程费用、预备费和建设期贷款利息组成。具体构成内容如图 1–2 所示。

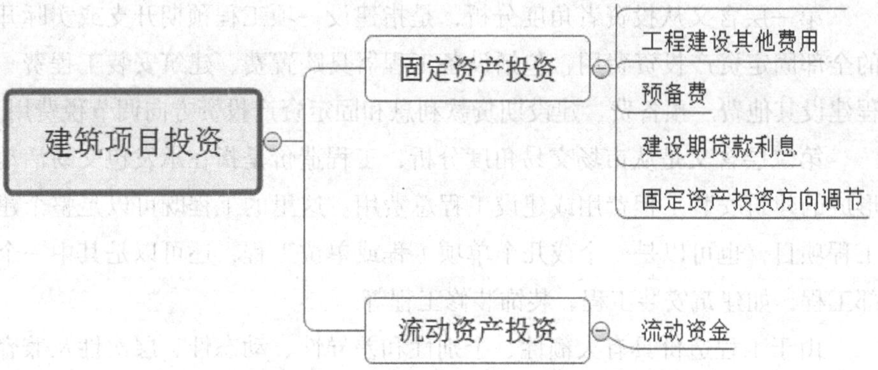

图 1–2 工程造价构成图表

（三）工程造价的作用

工程造价涉及国民经济各部门、各行业，涉及社会再生产的各个环节，直接关系到人民群众的生活尤其是城镇居民的居住条件。它的作用和影响，主要有以下几点：①建设工程造价是项目决策的依据。②建设工程造价是指定投资计划和控制投资的依据。投资计划是按照建设工期、工程进度和建设工程价格等逐年分月拟定的。正确的投资计划有助于合理和有效地使用资金。③建设工程造价是筹集建设资金的依据。④建设工程造价是合理利益分配和调节产业结构的手段。⑤建设工程造价是评价投资效果的重要指标。

（四）工程计价特征

1. 计价的单件性

建设工程产品的个别差异性决定了每项建设项目都必须单独计算造价。每项建设项目都有其特点、功能与用途，因而导致其结构不同。项目所在地的气象、地质、水文等自然条件不同，建设的地点、社会经济等都会直接或间接地影响建设项目的计价。因此，每一个建设项目都必须根据其具体情况进行单独计价，任何建设项目的计价都是按照特定空间和一定时间来进行的。即便是完全相同的建设项目，由于建设地点或建设时间不同，仍必须进行单独计价。

2. 计价的多次性

建设项目建设周期长、规模大、造价高，这就要求在工程建设的各个阶段多次计价，并对其进行监督和控制，以保证工程造价计算的准确性和控制的有效性。多次性计价的特点决定了工程造价不是固定、唯一的，而是随着工程的进行逐步接近实际造价。对于大型建设项目，其计价过程如图1–3所示。

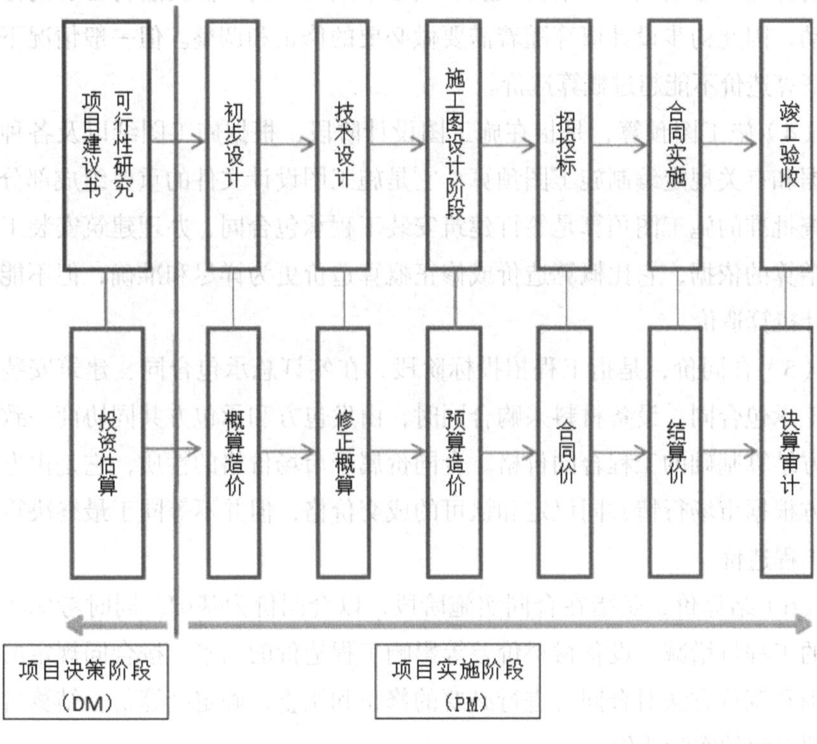

图1–3 多次性计价示意图

（1）投资估算，是指在编制项目建议书、进行可行性研究阶段，根据投资估算指标、类似工程的造价资料、现行的设备材料价格并结合工程的实际情况，对拟建项目的投资需要量进行估算。投资估算是可行性研究报告的重要组成部分，是判断项目可行性、进行项目决策、筹资、控制造价的主要依据之一。经批准的投资估算是工程造价的目标限额，是编制概预算的基础。

（2）设计总概算，是指在初步设计阶段，根据初步设计的总体布置，采用概算定额或概算指标等编制项目的总概算。设计总概算是初步设计文件的重要组成部分。经批准的设计总概算是确定建设项目总造价、编制固定资产投资计划、签订建设项目承包合同和贷款合同的依据，是控制拟建项目投资的最高限额。概算造价可分为建设项目概算总造价、单项工程概算综合造价和单位工程概算造价三个层次。

（3）修正概算是指当采用三阶段设计时，在技术设计阶段随着对初步设计的深化，建设规模、结构性质、设备类型等方向可能要进行必要的修改和变动，因此初步设计概算随着需要做必要的修正和调整。但一般情况下，修正概算造价不能超过概算造价。

（4）施工图预算，是指在施工图设计阶段，根据施工图纸以及各种计价依据和有关规定编制施工图预算，它是施工图设计文件的重要组成部分。经审查批准的施工图预算是签订建筑安装工程承包合同、办理建筑安装工程价款结算的依据，它比概算造价或修正概算造价更为详尽和准确，但不能超过设计概算造价。

（5）合同价，是指工程招投标阶段，在签订总承包合同、建筑安装工程施工承包合同、设备材料采购合同时，由发包方和承包方共同协商一致作为双方结算基础的工程合同价格。合同价属于市场价格的性质，它是由发承包双方根据市场行情共同议定和认可的成交价格，但并不等同于最终决算的实际工程造价。

（6）结算价，是指在合同实施阶段，以合同价为基础，同时考虑实际发生的工程量增减、设备材料价差等影响工程造价的因素，按合同规定的调价范围和调价方法对合同价进行必要的修正和调整，确定结算价。结算价是该单项工程的实际造价。

（7）竣工决算，是指在竣工验收阶段，根据工程建设过程中实际发生的全部费用，由建设单位编制竣工决算，反映工程的实际造价和建成交付使用的资产情况，作为财产交接、考核交付使用财产和登记新增资产价值的依据，它是建设项目的最终实际造价。

以上说明，工程的计价过程是一个由粗到细、由浅入深、由粗略到精确，多次计价最后达到实际造价的过程。各计价过程之间是相互联系、相互补充、相互制约的关系，前者制约后者，后者补充前者。

3. 计价的组合性

工程造价的计算是逐步组合而成的，一个建设项目总造价由各个单项工程造价组成，一个单项工程造价由各个单位工程造价组成，一个单位工程造价按分部分项工程计算得出，这充分体现了计价组合的特点。可见，工程计价过程是：分部分项工程造价→单位工程造价→单项工程造价→建设项目总造价。

4. 计价方法的多样性

工程造价在各个阶段具有不同的作用，而且各个阶段对建设项目的研究深度也有很大的差异，因而工程造价的计价方法是多种多样的。在可行性研究阶段，工程造价的计价多采用设备系数法、生产能力指数估算法等。在设计阶段，尤其是施工图设计阶段，设计图纸完整，细部构造及做法均有大样图，工程量已能准确计算，施工方案比较明确，则多采用定额法或实物法计算。

5. 计价依据的复杂性

由于工程造价的构成复杂、影响因素多，且计价方法也多种多样，因此计价依据的种类也很多，主要可分为以下七类。

（1）设备和工程量的计算依据，包括项目建议书、可行性研究报告、设计文件等。

（2）计算人工、材料、机械等实物消耗量的依据，包括各种定额。

（3）计算工程资源单价的依据，包括人工单价、材料单价、机械台班单价等。

（4）计算设备单价的依据。

（5）计算各种费用的依据。

（6）政府规定的税、费依据。

（7） 调整工程造价的依据，如造价文件规定、物价指数、工程造价指数等。

（五）工程计价的基本原则

工程造价计价应遵循以下三个基本原则：

1. 成本是工程造价计价的最低经济界限

建筑项目是一个具有特定功能，在特定的地点和时间完成的建筑产品。因此在定价方面表现为单件性计价的特点，并不像一般工业产品那样能够批量生产和批量定价。在我国现行的工程造价的构成当中，直接工程费和间接工程费属于成本的范畴。工程造价应该高于其成本，这是建筑产品的单件性计价特点决定的。我国《招标投标法》也明确规定：低于成本的投标报价不能中标。因而成本是工程造价计价的最低经济界限在法律上也得到了有效保护。

2. 以市场形成工程造价的价格机制

建筑市场的繁荣或衰落和竞争的状况，对工程造价有着极大的影响。这也是市场经济的必然规律。在计划经济时代，高度统一的定额排斥市场的作用，建筑产品的价格严重扭曲，使价格背离了价值。当前工程造价管理的重要任务就是要彻底地抛弃定额的法定作用，充分发挥市场的调节作用，改变定额“量价合一”，实行“量价分离”，真正实现以市场引导工程造价的价格机制。

3. 工程造价的计价要体现建筑科学技术水平

科学技术是第一生产力，建筑科学水平的进步极大地促进了建筑业的蓬勃发展，因此，工程造价的计价也必须要体现建筑科学技术水平。

二、工程造价管理的基本内容

（一）工程造价管理的基本内涵

1. 工程造价管理

工程造价管理是指综合运用管理学、经济学和工程技术等方面的知识与技能，对工程造价进行预测、计划、控制、核算、分析和评价等的过程。工程造价管理既涵盖宏观层次的工程建设投资管理，也涵盖微观层次的工程项目费用管理。

（1）工程造价的宏观管理工程造价的宏观管理是指政府部门根据社会经济发展需求，利用法律、经济和行政等手段规范市场主体的价格行为、监控工程造价的系统活动。

（2）工程造价的微观管理工程造价的微观管理是指工程参建主体根据工程计价依据和市场价格信息等预测、计划、控制、核算工程造价的系统活动。

工程造价管理是运用科学、技术原理和方法，在目标统一、各司其职的原则下，为确保建设工程的经济效益，对建设工程造价及建安工程价格所进行的全过程、全方位的符合政策和客观规律的全部业务的行为和组织活动。

一是建设工程投资费用管理：是指为了实现投资的预期目标，在撰写的规划、设计方案的条件下，预测、计算、确定和监控工程造价及其变动的系统活动。

二是工程价格管理：属于价格管理范畴。在微观层次上，是生产企业在掌握市场价格信息的基础上，为实现管理目标而进行的成本控制、计价、定价和竞价的系统活动。在宏观层次上，是政府根据社会经济的要求，利用法律手段、经济手段和行政手段对价格进行管理和调控，以及通过市场管理规范市场主体价格行为的系统活动。

我国现阶段是仍处于社会主义初级阶段的发展中国家，自然资源匮乏，我们需要投入更多的建设资金去保持一个相对稳定的发展速度，但是筹集资金的难度也是比较大的。因此，我国在此条件下，如何在建设项目中有效地减少使用人力、物力和财力等劳动、物质消耗去实现较高的经济和社会效益，如何保持国民经济可持续发展，已经成为我国当下持续关注的问题。

2. 建设工程全面造价管理

按照国际造价管理联合会（ICEC）给出的定义，全面造价管理（TCM）是指有效地利用专业知识与技术，对资源、成本、盈利和风险进行筹划和控制。建设工程全面造价管理包括全寿命周期造价管理、全过程造价管理、全要素造价管理和全方位造价管理。

（1）全寿命周期造价管理。建设工程全寿命周期造价是指建设工程初始建造成本和建成后的日常使用成本之和，包括策划决策、建设实施、运行维护及拆除回收等各阶段费用。由于在建设工程全寿命期的不同阶段，工程造价存在诸多不确定性。因此，全寿命期造价管理主要是作为一种实现建设工程全寿命周期造价最小化的指导思想，指导建设工程投资决策及实施方案的选择。

（2）全过程造价管理。全过程造价管理是指覆盖建设工程策划决策及建设实施各阶段的造价管理。包括：策划决策阶段的项目策划、投资估算、项目经济评价、项目融资方案分析；设计阶段的限额设计、方案比选、概预算编制，招投标阶段的标段划分、发承包模式及合同形式的选择、招标控制价或标底编制；施工阶段的工程计量与结算、工程变更控制、索赔管理；竣工验收阶段的结算与决算等。

（3）全要素造价管理。影响建设工程造价的因素有很多。为此，控制建设工程造价不仅仅是控制建设工程本身的建造成本，还应同时考虑工期成本、质量成本、安全与环境成本的控制，从而实现工程成本、工期、质量、安全、环保的集成管理。全要素造价管理的核心是按照优先性原则，协调和平衡工期、质量、安全、环保与成本之间的对立统一关系。

（4）全方位造价管理建设工程造价管理不仅仅是建设单位或承包单位的任务，而应是政府建设主管部门、行业协会、建设单位、设计单位、施工单位以及有关资讯机构的共同任务。尽管各方的地位、利益、角度等有所不同，但必须建立完善的协同工作机制，才能实现建设工程造价的有效控制。

（二）工程造价管理的主要内容及原则

1. 工程造价管理的主要内容

在工程建设全过程各个不同阶段，工程造价管理有着不同的工作内容，其目的是在有限建设方案、设计方案、施工方案的基础上，有效控制建设工程项目的实际费用支出。

（1）工程项目策划阶段，按照有关规定编制和审核投资估算，经有关部门批准，即可作为拟建工程项目的控制造价；基于不同的投资方案进行经济评价，作为工程项目决策的重要依据。

（2）工程设计阶段，在限额设计、优化设计方案的基础上，编制和审核工程概算、施工图预算。对于政府投资工程而言，经有关部门批准的工程概算，将作为拟建工程项目造价的最高限额。

（3）工程发承包阶段，进行招标策划，编制和审核工程量清单、招标控制价或标底，确定投标报价及其策略，直至确定承包合同价。

（4）工程施工阶段，进行工程计量及工程款支付管理，实施工程费用动态监控，处理工程变更和索赔，编制和审核工程结算、竣工决算，处理工程保修费用等。

2. 工程造价管理的基本原则

实施有效的工程造价管理，应遵循以下三项原则。

（1）以设计阶段为重点的全过程造价管理。工程造价管理贯穿于工程建设全过程的同时，应注重工程设计阶段的造价管理。工程造价管理的关键在于前期决策和设计阶段，而在项目投资决策后，控制工程造价的关键就在于设计。建设工程全寿命期费用包括工程造价和工程交付使用后的日常开支（含经营费用、日常维护修理费用、使用期内大修理和局部更新费用），以及该工程使用期满后的拆除费用等。长期以来，我国往往将控制工程造价的主要精力放在施工阶段——审核施工图预算、结算建筑安装工程价款，对工程项目策划决策和设计阶段的造价控制不够重视。为有效地控制工程造价，应将工程造价管理的重点转到工程项目策划决策和设计阶段。

（2）主动控制与被动控制相结合。长期以来，人们一直把控制理解为目标值与实际值的比较，以及当实际值偏离目标值时，分析其产生偏差的原因，并确定下一步对策。但这种立足于调查—分析—决策基础之上的偏离—纠偏—再偏离—再纠偏的控制是一种被动控制，这样做只能发现偏离，不能预防可能发生的偏离。为尽量减少甚至避免目标值与实际值的偏离，还必须立足于事先主动采取控制措施，实施主动控制。也就是说，工程造价控制不仅要反映投资决策，反映工程设计、发包和施工，被动地控制工程造价。更要能动地影响投资决策，影响工程设计、发包和施工，主动地控制工程造价。

（3）技术与经济相结合，要有效地控制工程造价。应从组织、技术经济等多方面采取措施。从组织上采取措施，包括明确项目组织结构，明确造价控制人员及其任务，明确管理职能分工；从技术上采取措施，包括重视设计多方案选择，严格审查初步设计、技术设计、施工图设计、施工组织设计，深入研究节约投资的可能性；从经济上采取措施，包括动态比较造价的计划值与实际值，严格审核各项费用支出。采取对节约投资的有力奖励措施等。

应该看到，技术与经济相结合是控制工程造价最有效的手段。应通过技术比较、经济分析和效果评价，正确处理技术先进与经济合理之间的对立统一关系，力求实现在先进技术条件下的经济合理、在经济合理基础上的技术先进，将控制造价观念渗透到各项设计和施工技术措施之中。

三、工程造价信息化

（一）工程造价信息化的内涵

工程造价信息化是通过将计算机、通信网络等相关技术应用于工程造价工作中，由专业的人员进行工程造价信息查询、加工、处理，将工程造价信息处理由纸上方式向电子、网络方式转变，提高工程造价工作效率的过程。

当前，由于国家经济的飞速发展和工程建造水平的不断提高，使得工程建设项目呈现出规模大、工期长、工序复杂等特点。工程造价信息管理也变得复杂与困难，工程造价工程信息数据呈现出多样性、广泛性与复杂性等特征。单纯依靠传统的人工管理方式效率极其低下，将先进的信息技术引入工程造价管理，挖掘和利用行业数据、规范工程造价管理流程、提高行业效率等显得尤为重要。

目前，造价信息化应该主要体现在深入挖掘造价数据、实现信息的交流与资源共享、优化配置工程造价信息要素等方面。只有不断利用、挖掘工程造价信息数据的价值，才能不断促进工程造价管理水平的提升，从而促进整个建筑业的发展，进而对国家经济起到推动作用。

工程造价信息化建设应符合中国的实际情况，工程造价信息管理的构建的主要内容包括科学的方法、合适的工具和信息资源等主要内容。具体如图1–4所示：

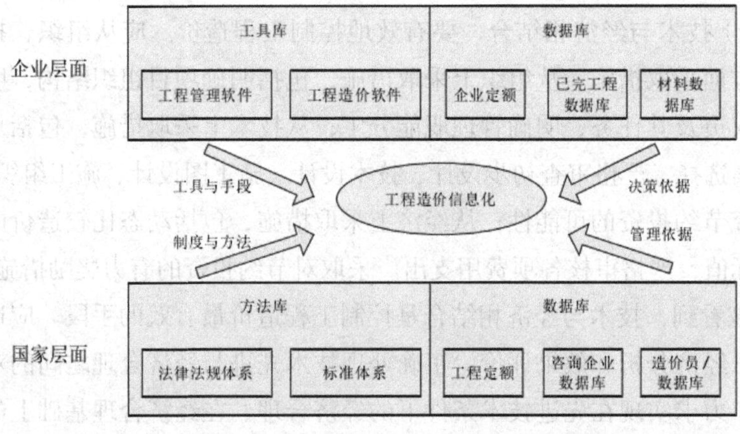

图 1–4 工程造价信息化管理内容

（二）工程造价信息化发展历程

我国的工程造价信息化建设起步较晚，在 20 世纪 90 年代之前，计量、计价的方式都是通过手工来实现，人们通过手工翻阅定额、工料机价差来计算费用，概预算编制都是通过人工计算或借助简单计算器等工具完成，效率低，调整及修改也极其繁琐。

直到 20 世纪 90 年代中期才开始出现专用计价软件，工程概算预算编制开始使用计算机软件来完成。计算机技术在计价工作中的应用不仅大大减少了工作量，而且也提升了工程造价分析、控制与管理水平。

21 世纪初期，出现了算量软件，工程量的计算与清单的编制开始通过算量软件完成。但是此时算量软件还没有实现与计价软件、信息管理等系统的连通。

目前，计算机技术在我国的工程造价管理工作中基本实现了普及，一些企业也开始借助互联网来开展工程造价工作，移动互联网、云计算等新技术也逐步应用于工程造价管理工作中。

四、工程造价信息管理

（一）工程造价信息管理的内容

工程造价信息贯穿建设项目的全过程，工程建设各个阶段都需要有准确、全面的工程造价信息。工程造价信息主要包括：政策法规、相关行业标准及规范、人材机价格信息、已完与在建工程造价信息、工程造价指标及其他行业动态信息等。

（1）政策法规、相关行业标准及规范，主要包括国家住建部、省住建厅等政府发布的行业政策及相关法规，住建部定额司发布的相关造价定额、清单计价规范、图集、计价依据与标准等行业管理规范。

（2）人材机价格信息，主要包括人工、材料价格信息及机械自有、租赁价格信息等，这些价格应与市场价格相符，能实现实时动态更新。

（3）已完工程造价信息，主要包括工程概况、工程特征及相关图纸、技术经济资料等。

（4）工程造价指标信息，主要包括人材机价格指标、建安工程造价指标、建设工程单方造价指标等相关造价指标信息。

（5）行业动态信息，主要包括行业宏观经济情况、行业的新材料新工艺、未来的发展趋势等行业动态信息。

（二）工程造价信息管理的过程

工程造价信息管理过程主要包括信息增值链、信息收集、信息处理等三部分。信息增值链是通过信息输入端输入工程造价信息，有文字、图片等结构化信息和音频视频等非结构化信息，然后再经过工程建设全过程的流动，最后通过信息数输出端整理汇总形成信息增值的过程。

信息输入端输入的数据有企业内部的也有企业外部的，有文字、图片等结构性数据，也有视频信息等其他非结构信息数据。信息流域涉及工程建设全过程，其中投资决策阶段会产生项目定位、投资估算等新信息，设计阶段会产生设计图纸、设计概算等信息，施工阶段会产生招投标合同、施工预算等新信息，竣工验收阶段会产生竣工决算等新信息。信息输出端会将结果以已完工程信息、造价指标等综合信息或其他资料的形式进行输出。信息收集主要采集工程造价相关单位各个过程信息数据。有从政府部门采集的政策法规信息，有从造价协会、造价站采集的定额、图集等规范信息，有从建设单位采集的工程项目可行性研究投资决策信息，有从建设单位采集的图纸、设计概算等信息，有从施工单位和咨询单位采集的建设招投标合同、人材机价格信息、预算信息等。

信息处理主要是将增值的信息和采集的信息进行整理、分析，供造价从业人员查询、挖掘相关造价信息的过程。随着信息技术的发展，信息处理从传统的手工进行统计汇总发展到运用先进的计算技术如云计算、大数据等最近的技术手段。信息处理处理有定性与定量两种方法，定性方法主要有市场法与专家预测法等。定量方法主要是运用数学模型对信息进行整理分析，运用的方法主要有弹性系数法、曲线预测法、时间预测法、移动平均法、指数平滑法、灰色预测法等。

五、国内外工程造价管理模式对比分析

改革开放前，由于当时我国经济发展现状，仍然使用苏联的基本建设概

预算制度管理模式；改革开放后，我国工程造价管理模式结合了国内现状开始发生变化，主要是三个时期的发展：社会主义计划经济时期的概预算管理、工程定额管理的“量价统一”“量价分离”，现阶段为了配合社会主义市场经济体制，工程造价管理模式正在向以市场调节为主导、政府相关部门严加调控的新型管理模式过渡。

国际上，通常是先对工程项目进行结构分解（WBS），然后再确定工程造价。经过 WBS 对工程项目进行概括和描绘，然后再结合这些活动的进度安排确定各项活动所需的资源（人工、各种材料、生产或功能设施、施工设备），工程项目的造价是由这些基本活动的最低成本决定的。在建设工程项目造价管理范畴内主要有三种模式：工料测量、工程造价管理和工程积算制度。如表 1–1 所示，国内与国外的工程造价管理模式存在很大的差异：

表 1–1 工程造价管理模式对比分析

国内外工程造价管理模式对比分析表		
工程造价管理模式	国内	国外
宏观调控方式	政府直接调控	以市场化为主，政府间接调控
计价依据	以定额为基础形式的工程量清单计价模式	工程造价计价的定额、指标等由工程咨询公司根据本地区特点制定
计价模式	定额为主，弱化市场竞争	政府定期发布工程造价信息作为政府评估参考，社会咨询公司也发布价格指标、成本指数等造价信息来指导工程项目的估价
计价状态	静态计价，套取国家有关部门确定的计价定额	以市场为中心的动态控制，通过市场活动控制工程造价
合同方式	国家有关部门发布合同规范文本，仅作参考	通用合同文本，如 FIDIC 合同文本
过程中造价控制方式	技术与经济相分离，无法实现信息数据共享，协同能力差	动态控制，事前、事中、事后主动控制，及时纠偏

六、我国工程造价管理存在的问题

国内工程造价管理以工程量清单计价为主要形式。但是，由于我国仍然处于社会主义经济初级阶段，同时地区众多，造成了调控管理难度大、定额动态控制难、工程造价精度低等问题。项目参与方在工程造价管理上缺乏统一目标及有效沟通，监理单位在施工过程中也只对质量和进度进行简单控制，忽视了工程造价方面的管控，从而导致现阶段造价管理问题频发。通过对国内外工程造价管理模式以及现状的对比分析，概括出我国工程造价管理存在以下几方面问题：

（1）定额为主，弱化市场竞争。我国是社会主义国家，政府在宏观调控上干涉过多，导致市场调节功能弱化。工程造价以国家各省市地区的定额为依据，静态计价，这就导致工程项目在建设过程中变更现象频繁发生，影响整个项目的经济与社会效益。

（2）市场价格变化频繁，动态信息更新不及时。工程建设项目作为一个产品，其原材料是建筑材料，建材的费用占有很大的比例。建筑材料价格随时变动导致其成为工程造价管理中较难控制的因素之一。虽然在建材的价格波动发生时，国家相关部门会出台多项宏观调控政策控制稳定建材市场，但是，各类建材的宏观调控是非常单一的，很难适用于大面积的调控，所以依然不能解决市场经济的变化和成本之间的矛盾；并且建筑工程项目一般周期比较长，最初的竞标价格往往不会是最终的结算价格，在工程建设项目周期内，材料价格变动率增大。上述几种因素相结合，导致建材的预算价格与市场价格无法匹配，差距愈来愈大。

（3）企业缺乏科学制度。我国很多企业对工程造价管理都缺乏科学的管理制度，并且重视程度也远远不够，导致其并不能从项目整体考虑问题。在现实施工的时候，超出工程预算的现象频繁发生，影响了项目施工进度，并且造价工程人员在完工时期要做大量的结算工作。归根结底都是由于企业缺乏科学的工程造价管理制度。

（4）项目参与方缺乏沟通。项目参与方缺乏沟通，导致信息难以共享，比如设计单位只参与工程项目的设计相关工作，不会接触到前期分析工作；监理单位仅对施工阶段质量与进度管理负责。这样就会导致我们缺乏对工程项目进行事前主动控制，总是出现问题才去解决，并没有防患于未然。美国研究表明，因为造价信息难以共享极大地浪费了工程项目成本，具体数据如表 1–2 所示：

表 1–2 信息共享困难造成的成本浪费分析（单位：百万美元）

信息共享困难造成的成本浪费分析表				
项目参与方	规划与设计阶段	施工阶段	运营维护阶段	总额外成本
建筑师和工程师	1007.2	147.0	15.7	1169.8
总承包商	485.9	1265.3	50.4	1801.6
分包商和供应商	442.4	1762.2		2204.6
业主和运营单位	722.8	898.0	9027.2	10648.0
合计	2658.5	4072.4	9093.3	15824.0

（5）各阶段工程造价管理依旧存在问题。投资决策阶段：国内施工管理人员在造价管理方面的全过程意识还未建立，多数将工作重点放在施工阶段，如合同价款、变更价款及完工结算，却忽视了造价工作在投资决策阶段的管控，因此造成了工程建设项目“三超”现象频繁发生，这对工程建设项目投资效益产生了严重的影响。

设计阶段：建设、设计单位在设计阶段的工作重点是项目的功能和造型等方面，但是却忽视了设计方案的经济指数。此外，项目成本的大小或建筑面积的大小决定了设计单位的成本，并且项目设计的合理性，经济指标和效益不包括在内。综合以上因素，设计单位往往在设计方案时，会选择安全传统的，却忽视了创新与经济性，从而增加了项目造价成本。

招投标阶段：在招投标阶段，恶意低价中标和工程合同缺乏管理的现象普遍存在。施工单位用低于成本的价格，恶意中标后，待进入建设项目施工阶段，又通过各种手段发起工程变更，进而产生索赔，对工程造价管理和控制产生了很大的影响。当然，由于合同、招投标文件等资料内容的不完善导致超预算的现象也时有发生。

施工阶段：据有关调查显示，工程建设项目施工阶段在全过程管理中所占比重较小（仅占 5%–10%）。因此，进入施工阶段后，建设单位对工程造价管控并不重视，作为建设单位代表的工程监理也只是对工程项目的质量与进度加以控制，施工单位因经济意识淡薄、技术落后、人员缺乏管理意识等因素，难以用科学管理的手段协调好施工现场各参与方的关系，甚至有些施工单位为了自身利益，恶意要求索赔，增加工程量，进而增加了工程成本。以上各种因素导致了工程造价在施工阶段就开始失去控制。

竣工决算阶段：由于施工阶段导致的工程量的增加，工程项目进入到预决算阶段后，建设单位很难对已经产生的工程量进行核算，施工单位在决算阶段利用工程变更的漏洞进行索赔、高套定额、提高建材价格、虚报费用，导致竣工决算编制依据缺乏真实性，进而导致决算阶段工程成本的增加。

运营维护阶段：现阶段，我国的造价管理基本止步于建设项目的竣工交付使用阶段，对使用阶段的运营维护也都移交给物业管理公司。大多数企业会利用降低建设成本的方法避免预算超支，其直接后果就是提高了运营维护成本，甚至出现豆腐渣工程。建设项目建造过程和运营维护分开管理，导致项目信息共享困难，对运营维护管理形成阻碍，使得运营维护缺乏针对性，造成资源浪费。

拆除阶段：改革开放以来，我国才开始有了大批量的建筑项目，一般建筑工程项目的使用设计年限在 50—70 年之间。由于我国建筑业起步比较晚，迄今为止，大部分建筑还没有达到设计使用年限，但是再过几年，一些较早的建筑就要达到设计使用年限了，这些建筑的拆除成本以及带来的社会效益问题将会随之产生。

通过对国内外工程造价管理模式的对比以及我国现存的问题，不难发现，工程造价全寿命周期管理才是未来工程造价管理模式发展的必然趋势。

七、全寿命周期工程造价管理概述

（一）全寿命周期工程造价管理的产生

19 世纪，英国成立的 RICS（Royal Institution of Chartered Surveyors）是工程造价管理诞生标志；1930 年前后，工程造价领域中加入了经济学元素；1950 年初，造价管理模式从单纯概念的探索开始向实践求证与人才培养过渡，各国家开始建立具有本地域特色的工程造价管理相关组织；20 世纪 70 年代，ICEC（International Cost Engineering Council）成立，让工程造价管理的理论与方法研究获得了质的发展；1980 年前后，英国相关学界提出了以"LCC 全生命周期造价管理（Life Cycle Costing）"为核心的建设项目注资分析与造价管控的理论。

事实上，最开始的全寿命周期理念是用于军方材物的研发与采购，这种理念应用的主要特点就是适用于使用时间长、损耗率高、后期运维管理成本高的产品范畴，而工程建设项目正好符合这一特点，因此从全寿命周期理论的产生到现在，逐渐把这种理论应用于工程建设项目管理领域。

1990 年，美国相关组织提出了“全面造价管理（Total Cost Management）”的概念，该理论涵盖了项目资产战略、造价的管理。20 世纪八九十年代，我国提出了“全过程造价管理 WPCM（Whole Process Cost Management）”的管理理论，该理论的主要内容是要求工程造价的计量、管理控制必须贯穿整个建设工程项目建造过程，直至竣工为止。

（二）全寿命周期工程造价管理概念

通过阅读大量关于全寿命周期工程造价管理的文献，概括出其理论概念如下：工程全寿命周期造价管理模式主要是结合项目的建造与运维成本进行统一管控，利用数学模型、运筹学、经济学等科学方法计算工程建设项目整体的造价，并且使用科学的管理方法使项目全寿命周期成本达到最小，而项目的价值实现最大化。

（三）全寿命周期与全过程工程造价管理的区别

目前，我国工程造价管理的主流模式是全寿命周期管理，因为相关参与人员的全过程意识没有完全建立，导致了工程造价的全过程管理没有广泛使用，而全寿命周期造价管理的概念理论，更符合我国可持续发展的科学战略。工程造价全寿命周期管理模式与全过程管理模式是有区别的，主要表现在以下三个方面：

（1）计价周期不同：全过程管理的计价区间包括决策阶段到竣工阶段，然后形成最终工程造价；而全寿命周期管理的计价区间包括全过程管理阶段，再加上运维以及拆除阶段，贯穿了项目全寿命阶段。

（2）管理复杂程度不同：全过程管理的范畴只限于建设期，并没有把项目的后期评价成本纳入考虑范围内；而全寿命周期的思量范畴远超于全过程管理，而且把项目全寿命中各个阶段造价的互相影响关系纳入其管理范畴内。

（3）实现目标不同：全过程工程造价管理最终实现的目标是计算出工

程建设项目建设完成之后所需要的支出，从而实现项目参与方的利润最大化；而全寿命周期管理模式的终极目的是计算出整个寿命周期成本，是为了实现最少成本下的使用价值最大化的目标。

第二章 工程造价的计价依据和计价模式

建设工程定额计价是我国长期以来在工程价格形成中采用的计价模式，是国家通过颁布统一的估价指标、概算指标、概算定额、预算定额和相应的费用定额，对建筑产品价格进行有计划管理的一种方式。在计价中以定额为依据，按定额规定的分部分项子目，逐项计算工程量，套用定额单价或单位估价表（基价）确定直接费（定额直接费），然后按规定取费标准确定构成工程价格的其他费用和利税，获得建筑安装工程造价。建设工程概预算书就是根据不同设计阶段设计图纸和国家规定的定额、指标及各项费用取费标准等资料，预先计算的新建、扩建、改建工程的投资额的技术经济文件。由建设工程概预算书所确定的每一个建设项目、单项工程或单位工程的建设费用，实质上就是相应工程的计划价格。

长期以来，我国发承包计价以工程概预算定额为主要依据。因为工程概预算定额是我国几十年计价实践的总结，具有一定的科学性和实践性，所以用这种方法计算和确定工程造价，过程简单、快速，比较准确，也有利于工程造价管理部门的管理。但概预算定额是按照计划经济的要求制定、发布、贯彻执行的，定额中工、料、机的消耗量是根据“社会平均水平”综合测定的，费用标准是根据不同地区平均测算的，因此企业采用这种模式报价就会表现为平均主义，企业不能结合项目具体情况、自身技术优势、管理水平和材料采购渠道价格进行自主报价，不能充分调动企业加强管理的积极性，也不能充分体现公平竞争的基本原则，体现不出企业的竞争优势。

第一节 工程造价的计价依据的要求与作用

工程造价计价依据是据以计算造价的各类基础资料的总称。由于影响工程造价的因素很多，每一项工程的造价都要根据工程的用途、类别、结构特征、建设标准、所在地区和坐落地点、市场价格信息，以及政府的产业政策、税收政策和金融政策等作具体计算。因此就需要以确定上述各项因素相关的各种量化的定额或指标等做为计价的基础。计价依据除国家或地方法律规定的以外，一般以合同形式加以确定。

一、计价依据的概念

所谓计价依据，是指运用科学合理的调查、统计和分析测算方法，从工程建设经济技术活动和市场交易活动中获取的可用于测算、评估和计算工程造价的参数、数量、方法等。计价依据是编制工程设计概算、招标标底的指导性依据，是承包人投标报价（或编制施工图预算）的参考性依据，也是国有资金投资为主的建设工程造价控制性标准。

目前我国工程造价的计价依据主要是：①定额：为完成规定计量单位的分项工程所必须的人工、材料、施工机械台班实物消耗量的标准。它由政府主管部门制定、发布和管理。②价格：包括人工、材料、施工机械台班价格，由工程造价管理部门依据本地区市场价格行情，定期发布市场指导价格及各相关的指数和信息。③材料目前，有主要材料和次要材料两种。对于前者，每月由定额总站规定中准价加百分比的浮动幅度，例如钢材、木材暂定为 ±5%，其余均为 ±8%。对于次要材料，每半年或一年由定额总站发布一次调整系数。④费用：由建设部制定统一建设项目总造价及建安工程费用项目组成（包括利润和税金），由地区行业主管部门测算费率，分别为指令性和指导性费率，供承发包双方执行。

二、工程造价计价依据的要求

工程造价计价依据必须满足以下要求。

（1）准确可靠，符合实际。

（2）可信度高，有权威性。

（3）数据化表达，便于计算。

（4）定性描述清晰，便于正确利用。

三、工程造价计价依据的作用

计价依据主要体现在它具有一定的权威性和较强的指导性。工程量计算规则、工料机定额消耗就要赋予其一定的强制性，使其无论对于使用者还是执行者，都要按规则执行。基础单价、工程建设各项费用取费率，就要赋予其较强的指导性。工程造价计价依据的主要作用表现在以下几个方面：

（1）是计算确定建筑工程造价的重要依据。从投资估算、设计概算、施工图预算，到承包合同价、结算价、竣工决算都离不开工程造价计价依据。

（2）是投资决策的重要依据。投资者依据工程造价计价依据预测投资额，进而对项目做出财务评价，提高投资决策的科学性。

（3）是工程投标和促进施工企业生产技术进步的工具。投标时根据政府主管部门和咨询机构公布的计价依据，得以了解社会平均的工程造价水平，再结合自身条件，做出合理的投标决策。由于工程造价计价依据较准确地反映了工料机消耗的社会平均水平，这对于企业贯彻按劳分配、提高设备利用率、降低建筑工程成本都有重要作用。

（4）是政府对工程建设进行宏观调控的依据。在社会主义市场经济条件下，政府可以运用工程造价依据等手段，计算人力、物力、财力的需要量，恰当地调控投资规模。

工程造价的计价依据的编制，遵循真实和科学的原则，以现阶段的劳动生产率为前提，广泛收集资料，进行科学分析并对各种动态因素研究、论证。工程造价计价依据是多种内容结合成的有机整体，它的结构严谨、层次鲜明，经规定程序和授权单位审批颁发的工程造价计价依据，具有较强的权威性。

例如，工程量计算规则、工料机定额消耗量，就具有一定的强制性；而相对活跃的造价依据，例如基础单价、各项费用的取费率，则具有一定的指导性。

第二节 工程造价计价依据的分类和现行工程计价依据体系

一、工程造价计价依据的分类

（一）按用途分类

工程造价的计价依据按用途分类，概括起来可以分为 7 大类 18 小类。

第一类，规范工程计价的依据。

（1）国家标准《建设工程量清单计价规范》。

第二类，计算设备数量和工作量的依据。

（2）可行性研究资料。

（3）初步设计、扩大初步设计、施工图设计图纸和资料。

（4）工程变更及施工现场签证。

第三类，计算分部分项工程人工、材料、机械台班消耗量及费用的依据。

（5）概算指标、概算定额、预算定额。

（6）人工单价。

（7）材料预算单价。

（8）机械台班单价。

（9）工程造价信息。

第四类，计算建筑安装工程费用的依据。

（10）间接费定额。

（11）价格指数。

第五类，计算设备费的依据。

（12）设备价格、运杂费率等。

第六类，计算工程建设其他费用的依据。

（13）用地指标。

（14）各项工程建设其他费用定额等。

第七类，和计算造价相关的法规和政策。

（15）包含在工程造价内的税种、税率。

（16）与产业政策、能源政策、环境政策、技术政策和土地等资源利用政策有关的取费标准。

（17）利率和汇率。

（18）其他计价依据。

（二）按使用对象分类

第一类，规范建设单位（业主）计价行为的依据：国家标准《建设工程工程量清单计价规范》。

第二类，规范建设单位（业主）和承包商双方计价行为的依据：包括国家标准《建设工程工程量清单计价规范》；初步设计、扩大初步设计、施工图设计图纸和资料；工程变更及施工现场签证；概算指标、概算定额、预算定额；人工单价；材料预算单价；机械台班单价；工程造价信息；间接费定额；设备价格、运杂费率等；包含在工程造价内的税种、税率；利率和汇率；其他计价依据。

二、现行工程计价依据体系

按照我国工程计价依据的编制和管理权限的规定，目前我国已经形成了由国家、各省、自治区、直辖市和行业部门的法律法规、部门规章相关政策文件以及标准、定额等相互支持、互为补充的工程计价依据体系（见表2–1）。

序号	分类	计价依据名称	内容	批准文号	执行时间
1	标准类	《建设工程工程量清单计价规范》	建设工程	建设部公告第119号；住房和城乡建设部第63号公告	2003年7月 2008年12月

2	定额类	《全国统一建筑工程基础定额》	建筑工程	建标 [1995]736 号	1995 年 12 月
		《全国统一安装工程基础定额》	安装工程	建设部公告第 431 号	2006 年 9 月
		《全国统一建筑装饰装修工程消耗量定额》	装饰工程	建标 [2001]271 号	2002 年 1 月
		《全国统一安装工程预算定额》	安装工程	建标 [2000]60 号	2000 年 3 月
		《全国统一市政工程预算定额》	市政工程	建标 [1999]221	1999 年 10 月
		《全国统一施工机械台班费用编制规则》	通用	建标 [2001]196 号	2001 年 9 月
		《全国统一建筑安装工程工期定额》	建筑安装工程	建标 [2000]38 号	2000 年 2 月
		各省、直辖市、自治区颁布的计价依据			
		各行业部门颁发的计价依据			
3	相关的法律、政策类	《中华人民共和国建筑法》	通用	中华人民共和国主席令第 91 号	1998 年 3 月
		《中华人民共和国招标投标法》	通用	中华人民共和国主席令第 21 号	2000 年 1 月
		《建筑工程施工发包与承包计价管理办法》	通用	建设部令第 107 号	2001 年 12 月
		《房屋建筑和市政基础设施工程施工招标投标管理办法》	通用	建设部令第 89 号	2001 年 6 月
		《建筑安装工程费用组成》	通用	建标 [2003]206 号	2004 年 1 月

第三节 工程定额的概念界定与工程造价定额计价模式

一、工程定额的概念与分类

（一）工程定额的概念

定额就是一种规定的额度，或称数量标准。工程定额就是国家颁发的用于规定完成某一工程产品所需消耗的人力、物力和财力的数量标准。定额是企业科学管理的产物，工程定额反映了在一定社会生产力水平条件下，建设工程施工的管理水平和技术水平。

（二）工程定额的分类

在建筑安装施工生产中，根据需要而采用不同的定额。例如，用于企业内部管理的有劳动定额、材料消耗定额和施工定额。又如为了计算工程造价，要使用估算指标、概算定额、预算定额（包括基础定额）、费用定额等。因此，工程定额可以从不同的角度进行分类。

（1）按定额反映的生产要素消耗内容分类：劳动定额、材料消耗定额、机械台班消耗定额。

（2）按定额的不同用途分类：施工定额、预算定额、概算定额、概算指标及投资估算指标。

（3）按定额的编制单位和执行范围分类：全国统一定额、地区统一定额、行业定额、企业定额、补充定额。

（4）按照投资的费用性质分类：建筑工程定额、设备安装工程定额、建筑安装工程费用定额、工程建设其他费用定额。

二、工程造价定额计价模式

（一）收集资料

（1）设计图纸，设计图纸要求成套不缺，附带说明书以及必需的通用设计图纸。在计价前要完成设计交底和图纸会审程序。

（2）现行计价依据、材料价格、人工工资标准、施工机械台班使用定额以及有关费用调整的文件等。

（3）工程协议或合同。

（4）施工组织设计（施工方案）或技术组织措施等。

（5）工程计价手册。如各种材料手册、常用计算公式和数据、概算指标等各种资料。

（二）熟悉图纸和现场

（1）熟悉图纸。看图计量是计价的基本工作，只有在看懂图纸和熟悉图纸后，才能对工程内容、结构特征、技术要求有清晰的概念，才能在计价时做到项目全、计量准、速度快。因此在计价之前，应该留有一定时间，专门用来阅读图纸，特别是一些现代高级民用建筑图纸。

（2）注意施工组织设计有关内容。不同的施工组织设计就会形成不同的工程造价。因此应特别注意施工组织设计中影响工程费用的因素，

（3）结合现场实际情况。在图纸和施工组织设计仍不能完全表示时，必须深入现场，进行实际观察，以补充上述的不足。例如，上方工程的土壤类别，现场有无障碍物需要拆除和清理。在新建和扩建过程中，有些项目或工程量，依据图纸无法计算时，必须到现场实际测量。

（三）计算工程量

计算工程量一般可按下列具体步骤进行。

（1）根据施工图示的工程内容和定额项目，列出需计算工程量的分部分项；

（2）根据一定的计算顺序和计算规则，列出计算式；

（3）根据施工图示尺寸及有关数据，代入计算式进行数学计算；

（4）按照定额中的分部分项的计量单位对相应的计算结果的计量单位

进行调整，使之一致。

工程量的计算要根据图纸所标明的尺寸、数量以及附有的设备明细表、构件明细表来计算。一般应注意下列几点。

（1）要严格按照计价依据的规定和工程量计算规则，结合图纸尺寸进行计算，不能随意地加大或缩小各部位尺寸。

（2）为了便于核对，计算工程量一定要注明层次、部位、轴线编号及断面符号。计算式要力求简单明了，按一定程序排列，填入工程量计算表，以便查对。

（3）尽量采用图中已经通过计算注明的数量和附表。如门窗表、预制构件表、钢筋表、设备表、安装主材表等，必要时查阅图纸进行核对。

（4）计算时要防止重复计算和漏算。在计价之前先看懂图纸，弄清各页图纸的关系及细部说明。一般也可按照施工次序，由上而下，由外而内，由左而右，事先草列分部分项名称，依次进行计算。在计算中发现有新的项目，随时补充进去，防止遗忘。也可以采用分页图纸逐张清算的办法，以便先减少一部分图纸数量，集中精力计算比较复杂的部分。计算工程量，有条件的尽量分层、分段、分部位来计算，最后将同类项加以合并，编制工程量汇总表。

（四）套定额单价

正确套取定额项目也是工程造价计价的关键。计算直接工程费套价应注意以下事项。

（1）分项工程名称、规格和计算单位必须与定额中所列内容完全一致。即在定额中找出与之相适应的项目编号，查出该项工程的单价。单价要求准确、实用，且与施工现场相符。

（2）定额换算。根据定额进行换算，即以某分项定额为基础进行局部调整。如材料品种改变和数量增加，混凝土和砂浆强度等级与定额规定不同，使用的施工机具种类型号不同，原定额工具需增加系数等。有的项目允许换算，有的项目不允许换算，均按定额规定执行。

（3）补充定额编制。当施工图纸的某些设计要求与定额项目特征相差甚远，既不能直接套用也不能换算、调整时，必须编制补充定额。

（五）编制工料分析表

根据用工工日及材料数量计算出各分部分项工程所需的人工及材料数量，相加汇总便得出该单位工程所需要的各类人工和材料的数量。

（六）费用计算

将所列项工程实物量全部计算出来后，就可以按所套用的相应定额单价计算直接工程费，进而计算直接费、间接费、利润及税金等各种费用，并汇总得出工程造价。

（七）复核

工程计价完成后，需对工程量计算、套价、各项费用和人、材、机价格调整等方面进行全面复核，以便及时发现差错，提高成果质量。

（八）编制说明

编制说明是说明工程计价的有关情况，包括编制依据、工程性质、内容范围、设计图纸号、所用计价依据、有关部门的调价文件号、套用单价或补充定额子目的情况及其他需要说明的问题。

第四节 工程造价定额计价的基本原理与特点

一、工程造价定额计价的基本原理

工程造价定额计价模式是以假定的建筑安装产品为对象，制定统一的概算和预算定额及单位估价表，计算出每一单元子项（分项工程或结构构件）的费用后，再综合形成整个工程的造价。定额计价的基本原理如图 2–1 所示。

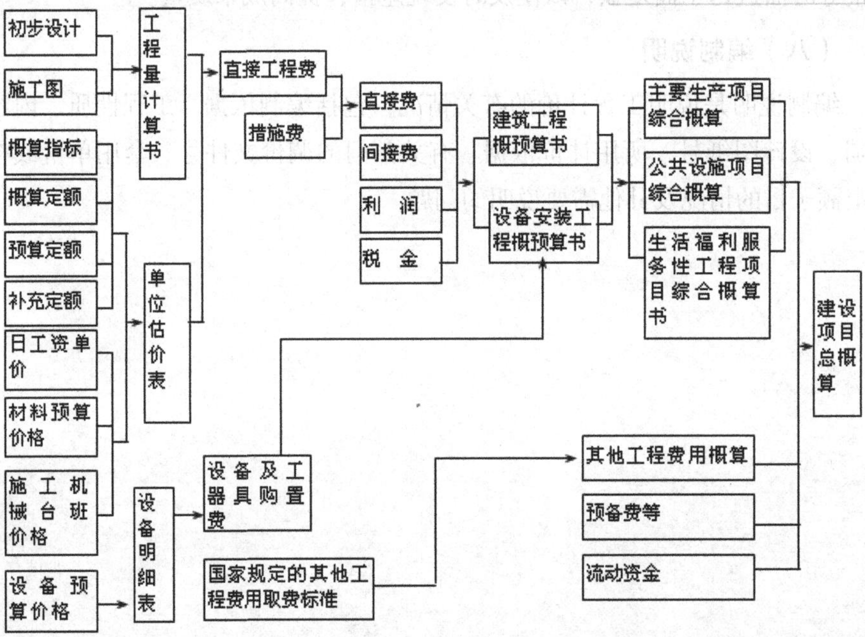

图 2–1 工程造价定额计价原理示意图

从上述定额计价模式的计价原理示意图可以看出，编制建设工程造价最基本的过程有两个：工程量计算和工程计价。即按照预算定额规定的分部分项子目工程量计算规则逐项计算工程量，工程量确定以后，就可以套用概预算定额单价或单位估价表（基价）确定直接工程费，然后按照一定的计费程序和取费标准确定措施费、间接费、利润和税金，最终计算出工程预算造价（或投标报价）。工程造价定额计价方法的特点就是量、价合一。概预算的单位价格（基价）形成过程，是依据概预算定额所确定的人工、材料、机械消耗量乘以定额规定的单价或市场价，经过不同层次的计算达到“量”与“价”相结合的过程。

用公式进一步表明按工程造价定额计价的基本方法和程序，如下所述。每一计量单位假定建筑产品的预算定额单价（基价）为：

预算定额单价（基价）＝人工费＋材料费＋机械使用费

式中：人工费＝Σ（单位人工工日消耗量 × 人工工日单价）

材料费＝Σ（单位材料消耗量 × 材料预算价格）

机械使用费＝Σ（单位机械台班消耗量 × 机械台班单价）

单位工程直接工程费＝Σ（假定建筑产品工程量 × 预算定额单价）

单位工程直接费＝Σ（假定建筑产品工程量 × 预算定额单价）＋措施费

单位工程间接费＝单位工程直接费 × 间接费费率

单位工程利润＝（单位工程直接费＋单位工程间接费）× 利润率

单位工程税金＝（单位工程直接费＋间接费＋利润）× 税率

单位工程概预算造价＝单位工程直接费＋间接费＋利润＋税金

单项工程概预算造价＝Σ单位工程概预算造价

建设项目总概预算造价＝Σ单项工程概预算造价＋设备、工器具购置费＋工程建设其他费用＋预备费＋建设期贷款利息＋固定资产投资方向调节税

二、工程造价定额计价的特点

（一）科学性

工程定额计价模式的科学性有两个含义。

（1）工程定额与全社会的生产力发展水平相适应。

（2）工程定额计价模式在理论和方法上与现代科学技术、信息社会的

发展相适应。

它表现在用科学的态度制作定额，尊重客观条件，定额制定公平合理反映出全国平均生产力。在制定工程定额的过程中利用一套系统的、合理的方法，而且定额的制作与实施贯彻一体化。

（二）系统性

工程定额是由多个种类的定额结合而成的相对独立的系统。它具有结构复杂、层次分明及目标明确的特点。

它的系统性是由工程建设的特点所决定的。因为工程建设就是一个巨大的实体系统，而工程定额计价模式就是在为这个系统提供服务的。由于工程建设本身具有多种类、多层次的特点，所以决定了工程定额也具有相同的特性，因此工程定额带有系统性的特点。

（三）指导性

工程定额计价模式的指导性的基础来源于定额所具有的科学性。只有科学的定额才有正确的指导作用。而工程定额计价模式的指导性主要体现在：一、工程定额作为全国各地区和行业的指导性依据，起到规范市场交易及相应的参考作用，且统一的定额可以作为政府投资项目的重要依据；二、虽然现行工程量清单计价模式更能体现出市场特点，但投标企业的报价主要依据是企业自己的企业定额，制定企业定额的依据依然离不开统一的工程定额，所以虽然统一定额本来具备的指令性特点开始弱化，但它的指导性却依然存在且不会消失。

（四）稳定性

由于每一部工程定额都代表着当时一段时期技术水平和管理水平的现状，因此，它在这一段适用时期可以表现出足够的稳定状态，且一般的稳定时间为 5—10 年。保持定额的稳定性也是十分必要的，若定额处在短时间不断变动的情况下，那相应的会带来执行上的困难以及难以维持定额指导性的后果，且给定额的编制工作带来相当大的困难，所以定额的稳定性是相对的，它要与社会平均生产力相匹配，要与时俱进。

（五）统一性

工程定额的统一性是由国家有计划的宏观调控所决定的。为使国民经济按照国家制定的方向发展，就需要借助一些制度手段，对工程建设进行规划、控制。

工程定额计价制度是与工程建设本身的投入和产出相关的。它对国民经济的影响表现在项目的总投资及收益上，还表现在具体建设投资和收益上。

第五节 基于工程量清单计价模式下的工程造价控制

工程量清单计价模式，是在建设工程招标投标中，招标人按照国家统一的工程量规则提供工程量清单，投标人根据工程量清单、拟建工程的施工方案，结合自身情况，进行自主报价的计价模式。《建设工程工程量清单计价规范》（下称《规范》）规定，全部使用国有资金或以国有资金投资为主的大中型建设工程，必须采用工程量清单计价模式来确定工程造价。这是我国深化工程造价管理改革的重要举措，标志着我国工程造价管理已同国际惯例接轨。本书通过分析工程量清单计价的特点，浅析该模式下的工程造价控制。

一、工程量清单计价模式

（一）基本概念

工程量清单是表现拟建工程的分部分项工程项目、措施项目、其他项目名称和相应数量的明细清单，由招标人按照《规范》附录中统一的项目编码、项目名称、计量单位和工程量计算规则进行编制，包括分部分项工程量清单、措施项目清单和其他项目清单。它体现了招标人要求投标人完成的工程项目及相应工程数量，全面反映了投标报价要求，是投标人进行报价的依据，是招标文件不可或缺的部分。

工程量清单计价是在建设工程招投标过程中，招标人或其委托具有资质的中介机构，按照国家统一的工程量计算规则提供工程数量，由投标人自主报价，并按照经评审低价中标的工程造价计价模式，包括分部分项工程费、措施项目费、其他项目费和税金。工程量清单计价模式采用的单价是有别于现行定额工料计价单价的另一种形式，即综合单价，是指完成工程量清单中一个规定计量单位项目所需的人工费、材料费、机械使用费、管理费和利润，并综合了风险因素。

（二）定额计价和工程量清单计价

定额计价是一种已被使用了几十年的计价模式，不论是工程招标编制标底，还是投标报价，均以此为唯一依据。定额计价是建立在以政府定价为主导的计划经济管理基础上的价格管理模式，它所体现的是政府对工程价格的直接管理和调控。

工程量清单计价属于全面成本管理范畴，其思路是统一计算规则，彻底放开价格，正确引导企业自主报价和市场有序竞争，最后形成价格。工程量清单计价旨在跳出传统的定额计价模式，建立一种全新的计价模式，依靠市场和企业的实力，竞争形成价格，业主可以通过企业报价直接了解项目造价。

工程量清单计价提供的是计价规则、计价办法以及定额消耗量，摆脱了定额标准价格的束缚，真正实现了量价分离、企业自主报价和市场有序竞争。工程量清单报价按相同的工程量和统一的计量规则，由企业根据自身情况报出综合单价，价格高低完全由企业确定，充分展现了企业实力，同时也真正体现出公开、公平、公正原则。

（三）工程量清单计价模式特点

采用统一的建设项目工程量清单计价模式，可以更好地实现规范计价的目标。工程量清单计价模式的特点主要体现在：一是规定全部使用国有资金或以国有资金投资为主的大中型建设工程，应按国家规定执行计价；二是明确工程量清单是招标文件的组成部分，规定招标人在编制工程量清单时必须做到项目编码、项目名称、计量单位、工程量计算规则的统一，且以规定的标准格式呈现。

《规范》中的措施项目，在工程量清单中只呈现“措施项目”一栏，对于模板、脚手架、临时设施、施工排水等详细内容，由投标人视具体情况进行报价。《规范》中的人工、材料和施工机械没有具体的消耗量，投标企业可以根据企业定额和市场价格信息，也可以参照建设行政主管部门发布的社会平均消耗量定额进行报价，企业掌握着报价权。

二、工程量清单计价模式下的造价管理

（一）工程量清单的管理

要保证工程量清单的准确性，必须要有统一的编制工程量清单依据，主要包括以下几个方面：工程施工设计图纸及其说明、设计修改和变更通知等技术资料；施工现场地质、水文、地下情况的有关资料；省级建设行政主管部门颁发的统一工程量计算规则、工程消耗量标准、工程项目划分及计量单位招标文件及其补充通知、答疑纪要。编制工程量清单应以实体消耗费用为主，在进行工程计价时，消耗量标准及其计算内容、方法和说明必须严格按定额标准执行。属于施工技术措施和施工组织措施方面的垂直运输工程费、超高补贴、临时设施费、材料二次运输费、优质优价增加费等非实体消耗费用，在工程招标文件中以“宗”或“项”的形式呈现，由投标单位自报费用，除合同约定以外，一般不允许调整。工程量清单的每一个子项，应准确列明定额编号、工程项目名称及内容、工程量和工程计量单位。需换算、参照的子项，应在定额编号后注明“换”“参”，并在工程项目内容中予以说明。对于不能确定和计算，而采取暂定金额和暂定工程量的项目，应在工程量清单编制说明中予以说明。

工程量清单发出后，若发现工程量清单的工程量与施工设计图纸、招标文件不一致，应通过招标补充通知或答疑纪要予以更正。招标补充通知和答疑纪要对施工设计图纸、招标文件、工程量清单具有最后的修正效力。

（二）合同价格的管理

一直以来，施工合同的管理工作局限于工商管理部门对其合法性和真实性的鉴定，对合同造价和工期的合理性督查甚少，缺乏有效管理，致使施工合同纠纷日益增多，严重干扰了建筑市场的健康有序发展。

《建设工程合同价暂行规定》明确指出，工程造价管理部门应负责工程合同价的认定，参与施工合同的签证工作。所以，加强合同的审核管理工作是建设行政主管部门和造价管理部门对工程量清单招标进行事后跟踪的重要内容。要使造价及施工条件落实，合同签证至关重要。

另外，建设主管部门和造价管理部门应在合同签订前对有关文件进行审

核，对合同价是否与中标价吻合、合同中的其他条款是否与招标文件一致等予以确认。审查是否附加不合理条款、拨款形式与时间是否合理等，保证合同主体、合同内容的合法性以及合同条款的合理性，维护合同当事人双方的经济利益，提高合同的履约率。

（三）结算价格的管理

在工程施工过程中，涉及设计变更、地基处理、经济签证、材料价差等调整合同价格的内容，中标人应通过办理工程补充结算方式调整合同价格，且不得更改中标价格或合同价格。招标人若采纳了清单中的“暂定金额”“暂定工程量”等选项，工程承包单位应依据项目监理的指令，计算并提出书面意见，经造价工程师或项目监理工程师核实签证后，方可调整该项工程价格。工程竣工后，工程承包单位与工程分包单位应按施工合同约定的方式和时间办理工程结算，工程发包单位应按合同约定的时间提出审查意见，并将工程竣工结算审查意见及有关结算资料一并报工程造价管理部门审定。经审定通过后，上述结算材料才能成为工程决算的依据。

三、推行工程量清单计价模式的意义

（一）规范建设市场秩序

实行工程量清单计价，是规范建设市场秩序、适应社会主义经济发展的需要。工程量清单计价是市场形成工程造价的主要形式，有利于企业发挥自主报价的能力。实现由政府定价向市场定价的转变有利于规范业主招标行为、有效避免招标单位在招标中盲目压价，从而真正体现公开、公平、公正原则，适应市场经济规律。

（二）促进建设市场发展

实行工程量清单计价，是促进建设市场有序竞争和健康发展的需要。对招标人来说，工程量清单是招标文件的组成部分，招标人必须编制准确的工程量清单，并承担相应风险。由于工程量清单是公开的，因此可以有效避免工程招标中弄虚作假、暗箱操作等不规范行为。对投标人来说，要正确进行工程量清单报价，必须对单位工程成本、利润进行分析，精心选择施工方案，合理组织施工，合理控制现场费用和施工技术费用。此外，工程量清单对工程款的支付、结算都能起到重要的保障作用。

（三）利于有关部门职能转变

实行工程量清单计价，有利于我国工程造价主管部门的职能转变。实行工程量清单计价，将过去由政府控制的指令性定额计价转变为适应市场经济规律需要的工程量清单计价，从过去政府直接干预转变为对工程造价依法监督，有效加强了政府对工程造价的宏观控制。

（四）增强建设主体国际竞争力

实行工程量清单计价，是我国融入世界大市场的需要。随着改革开放的进一步加快，国外企业和国际项目越来越多地进入了国内市场，我国企业走出国门的海外投资和经营项目也在增加。为了适应这种对外开放建设市场的需求，我国必须推行国际通行的计价方法，为建设市场主体创造一个与国际管理接轨的市场竞争环境。工程量清单计价是国际通行的计价办法，在我国实行工程量清单计价，有利于增强国内建设各方主体参与国际化竞争的能力。

第六节 工程量计算基本原理

一、正确计算工程量的意义

工程量是用物理计量单位或自然计量单位表示的各分项工程或构件的数量。物理计量单位是指物体的物理属性单位，是需要度量的，如长度（m）、面积（m^2）、体积（m^3）、质量（t）等。自然计量单位是以物体本身的自然属性为计量单位，是不需要度量的，如个、台、座、组等。

计算工程量是根据施工图、预算定额以及工程量计算规则，列出分项工程名称，列出计算式，最后计算出结果的过程。它是编制施工图预算的基础工作，是预算文件的重要组成部分。工程量计算的准确与否，将直接影响工程直接费，从而影响工程造价、材料数量、劳动力需求量以及机械台班消耗量。因此，正确计算工程量，对建设单位、施工企业和管理部门加强管理，对正确确定工程造价都具有重要的现实意义。在计算工程量过程中，一定要做到认真细致。

二、工程量计算的依据

计算工程量，主要依据下列技术文件、资料及有关规定。

（1）经审定的单位工程全套施工图纸（包括设计说明）及图纸会审纪要。施工图纸是计算工程量的基本资料，在取得施工图纸等资料后，必须认真、细致地熟悉图纸，并将会审纪要上的有关规定变更反映到图纸上，以此作为计算工程量的依据。

（2）工程量清单计价规范。工程量的计算是计价的关键工作。工程量清单的工程量计算规则必须按照《建设工程工程量清单计价规范》附录中的工程量计算规则计算。

（3）建筑工程预算定额。建筑工程预算定额是指《全国统一建筑工程基础定额》《全国统一建筑工程预算工程量计算规则》，以及省、市、自治区颁发的地区性建筑工程预算定额。定额中详细地规定了各个分部、各个分项工程工程量计算规则。计算工程量时必须严格按照定额中规定的计算规则、方法、单位进行，它具有一定的权威性。

（4）已批准的施工组织设计和施工方案。计算工程量仅依据施工图纸和定额是不够的，因为每个工程都有自身的具体情况，如土壤类别、土方施工方法、运距等。这些内容只有从施工组织设计和施工方案中才能体现出来，因此计算工程量之前，必须认真阅读施工组织设计及施工方案。

（5）现场地质勘探报告。现场地质勘探报告主要影响土石方、人工降水、桩基础等工程的工程量计算。

（6）标准图及有关计算手册。施工图中引用的有关标准图集，标明了建筑构件、结构构件的具体构造做法和细部尺寸，是编制预算必不可少的。另外，计算工程量时一些常用的技术数据，可直接从有关部门发行的手册中查出，从而可以减轻计算的工作量，提高计算工程量的效率，如五金手册、材料手册等。

三、工程量计算的方法

工程量计算一般采用统筹法进行计算。统筹法是一种科学的计划和管理方法，它主要分析研究事物内在的相互依赖关系和固有规律。根据此原理，在进行工程量计算时找出各分项工程自身的特点以及内在联系，运用统筹法合理安排工程量计算顺序，以达到简化计算、提高工作效率的目的。

例如，地面打夯工程量、地面防潮层工程量、地面垫层工程量、地面面层工程量、天棚工程量等，它们都与地面面积有关。地面面积是计算上述工程量的重要数据，"面"也是统筹法计算工程量的基数之一。

运用统筹法计算工程量的要点如下。

（一）统筹顺序合理安排

计算工程量的顺序是否合理，直接关系到计算速度。工程量计算一般是以施工顺序和定额顺序进行计算的，若没有充分利用项目之间的内在联系，将导致重复计算。

例如，在计算地面工程量时，按照施工顺序应为：室内回填夯实、地面垫层、地面面层。计算顺序如图 2–2 所示。

$$\frac{\text{室内回填夯实体积}}{\text{长}\times\text{宽}\times\text{填土厚度}}\text{①}\rightarrow\frac{\text{地面垫层体积}}{\text{长}\times\text{宽}\times\text{垫层厚度}}\text{②}\rightarrow\frac{\text{地面面层体积}}{\text{长}\times\text{宽}}\text{③}$$

图 2–2 地面工程量计算顺序

该种计算方法，重复计算了 3 次“长 × 宽”，影响了计算速度。

运用统筹法计算，就是把具有共性的地面面层工程量放在前面计算，利用地面面层工程量乘以垫层厚度，得出地面垫层的工程量，同样利用地面面层的工程量乘以室内回填土厚度得出室内回填夯实工程量，这样以地面面层面积为基数，避免了不必要的重复计算。计算顺序如图 2–3 所示。

$$\frac{\text{地面面层面积}}{\text{长}\times\text{宽}}\text{①}\rightarrow\frac{\text{地面垫层体积}}{\text{地面面层面积}\times\text{垫层厚度}}\text{②}\rightarrow\frac{\text{室内回填夯实体积}}{\text{地面面层面积}\times\text{填土厚度}}\text{③}$$

图 2–3 地面工程量统筹法计算顺序

（二）利用基数连续计算

基数是指工程量计算中可重复利用的数据。工程量计算的基数是“三线一面”，“三线”是指外墙中心线、外墙外边线、内墙净长线，“一面”是指底层建筑面积，这些数据计算一次，可多次使用。

上述基数由于基础及各层布局不同，常常有若干组，如基础中的外墙中心线和内墙净长线，各层墙体的外墙中心线、外墙外边线、内墙净长线、底层建筑面积。每一个基数又要划分为若干个，如内墙净长线的个数应根据不同墙厚、墙高、砂浆品种和强度等级，计算出若干个基数。因此应用时应灵活掌握，切不可生搬硬套。

四、工程量计算的顺序

每一幢建筑物分项工程繁多，少则几十项，多则上百项，且图纸内容上下、左右、内外交叉，如果计算时不讲顺序，很可能造成漏算或重复计算，并且给计算和审核工程量带来不便。因此，在计算工程量时必须按照一定的顺序进行。常用的计算顺序有以下几种。

（1）按施工顺序计算。此方法即按工程对象施工的先后顺序，如先地下，后地上；先底层，后上层；先结构，后装修；先主要，后次要来计算。按照这种顺序计算，要求工作人员必须熟悉施工过程，有扎实的建筑结构和建筑构造方面的知识，且利用此方法便于利用基数。

（2）按照定额项目的顺序计算。此方法即参照使用预算定额所列分部工程、分项工程顺序进行计算。此法适合于对不太熟悉的工程项目或初编预算时采用。

（3）按顺时针顺序计算。此方法即按顺时针顺序从平面图左上角开始环绕一周后再到左上方为止。如计算外墙基础、外墙、楼地面、天棚等都可按此法进行，此法适合于封闭式布局建筑，如图 2–4 所示。

（4）按先横后竖计算。该方法根据平面图，按先横后竖、先上后下、先左后右顺序计算。此法适合于内墙基础、内墙、隔墙等，如图 2–5 所示。

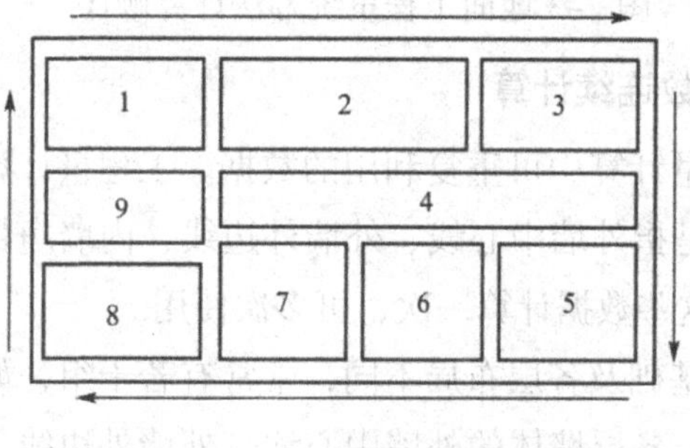

图 2–4 顺时针计算法

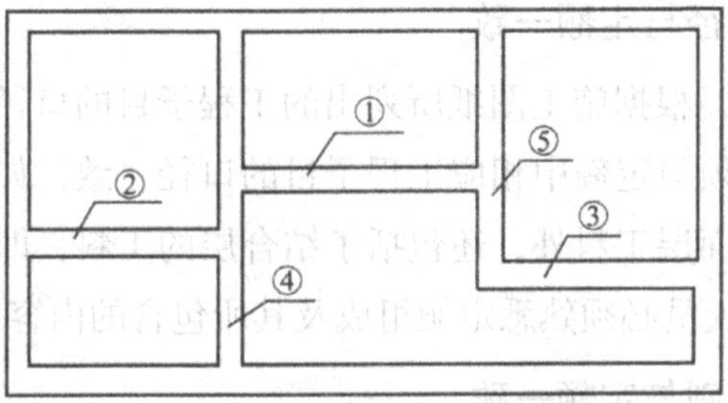

图 2-5 横竖计算法

（5）按编号顺序计算。该法是按照图纸上所标注的各种构件、配件符号顺序，先统计出构件、配件数量，然后逐一进行计算。此法适合于梁、板、柱、独立基础、门窗、预制构件、屋架等。例如，Z1，Z2，Z3，…；Cl，C2，C3，…

（6）按定位轴线编号计算。对于比较复杂的工程，按照图纸上标注的定位轴线编号顺序计算，不易出现重复或漏算，并可将各分项所在位置标注出来，如图 2-6 所示。

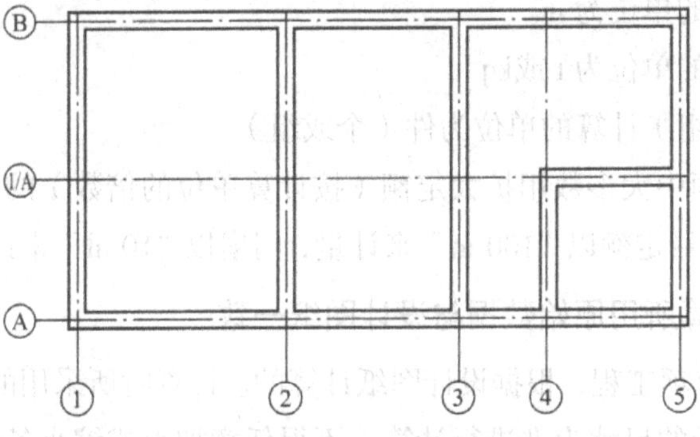

图 2-6 轴线顺序计算法

例如，计算图中 A 轴线上外墙，可标记为外墙 A 轴①→⑤；②轴线上内墙可标记为内墙②轴 A → B，其余以此类推。

五、工程量计算应遵循的原则

在进行工程量计算时应注意下列基本原则。

（一）计算口径与定额一致

计算工程量时，根据施工图纸所列出的工程子目的口径（指工程子目所包含的内容），必须与定额中相应工程子目的口径一致，如镶贴面层项目，定额中除包括镶贴面层工料外，还包括了结合层的工料，即黏结层不另行计算。这就要求预算人员必须熟悉定额组成及其所包含的内容。

（二）计算规则与定额一致

工程量计算时，必须遵循定额中所规定的工程量计算规则，否则将是错误的，如墙体工程量计算中，外墙长度按外墙中心线计算，内墙长度按内墙净长线计算；又如楼梯面层和台阶面层工程量按水平投影面积计算。

（三）计算单位与定额一致

计算工程量时，工程量计算单位必须与定额单位相一致。在定额中，工程量的计算单位规定如下。

（1）以体积计算的单位为 m^3 。

（2）以面积计算的单位为m^2。

（3）以长度计算的单位为 m。

（4）以质量计算的单位为 t 或kg

（5）以件（个或组）计算的单位为件（个或组）。

建筑工程预算定额中大多数用扩大定额（按计算单位的倍数）的方法来计量。比如木门窗工程量定额以“100 m^2”来计量，门扇以“10 m^2”来计量等。

（四）工程量计算所用原始数据与设计图纸一致

工程量是按每一分项工程，根据设计图纸计算的。计算时所采用的数据，都必须以施工图纸所示的尺寸为准进行计算，不得任意加大或缩小各部位尺寸。

（五）按图纸，结合建筑物的具体情况进行计算

一般应做到主体结构分层计算；内装修分层分房间计算，对外装修分立面计算；或按施工方案要求分段计算。不同的结构类型组成的建筑，按不同结构类型分别计算。

第三章 基于大数据的工程造价信息管理平台分析

第一节 基于大数据平台的架构

一、平台的建设目标与原则

在对工程造价信息数据采集、整理的基础上，引入主流的计算机技术，对工程造价信息数据进行存储分析，设计出基于大数据的平台的架构，将数据挖掘算法与大数据的架构相结合，提高数据处理效率，充分挖掘工程造价信息数据价值，促进工程造价行业发展。平台的建设原则应该满足以下几个方面内容：

（1）可扩展性和兼容性：平台的建设应考虑今后的业务扩展，减少各功能模块的耦合度，充分考虑平台的兼容性，能支持不同样式信息数据的存储，要能实现跨平台的应用。

（2）适用性和高性能性：平台建设不仅要能适应当前应用需求，而且要能满足长远的发展目标，同时要能高性能快速地影响用户需求。

（3）先进性与低成本性：平台建设应采用当前成熟的先进技术，并符合今后技术发展趋势。在设计上，要充分借鉴国际标准、规范，采用当前主流的体系结构。

（4）安全性和可靠性：在系统设计和架构设计中要充分考虑系统的安全性和可靠性。

二、平台的需求分析

本书要构建一个能为工程造价相关不同性质单位提供信息服务的平台，因此要针对不同用户的需求特点进行有针对性的全面分析，只有以用户为导向，构建的平台才能满足各方的需求，真正实现信息协同共享。本书构建的平台涉及用户主要有政府及行业协会、建设单位、设计单位、施工企业、工程咨询单位、软件提供商、平台维护人员及普通用户。

政府希望通过信息平台发布相关政策、标准等，了解工程造价行业的发展趋势，了解工程造价行业存在的问题，引导工程造价行业平稳有序地发展。

目前，建设单位的工程造价工作主要是进行招标采购以及询价工作，其成本控制工作主要由专业的造价咨询机构来完成，因此建设单位希望通过工程造价信息平台了解工程咨询单位的资质、业绩、从业人员情况等，来选择符合其标准的咨询单位为其开展成本控制工作。

工程造价咨询单位希望通过工程造价信息平台获取相关标准、定额文件以及人材机等要素的价格等来开展工程造价工作，同时他们也希望工程造价平台能提供工程造价相关指标，来编制投资估算及概预算，进而确定和控制工程投资。

设计单位希望通过工程造价信息平台了解相关已完工程相关信息，从而为其设计方案提供参考依据。

施工单位主要通过工程造价信息数据来了解人材机等要素价格信息，为其编制投标报价提供依据，同时也希望通过工程造价信息平台了解行业政策，改进其技术、管理等。

软件提供商希望通过工程造价信息管理平台了解行业趋势、市场信息，发现行业中技术、管理等方面的软件需求，同时他们也希望用户通过平台来反馈信息，从而改进其软件中存在的问题。

普通用户希望通过工程造价信息平台了解工程造价行业政策、趋势、相关造价信息，来服务其生产生活等。

平台维护人员主要通过工程造价信息管理平台进行日常的管理维护工作。

在平台各方所关注的工程造价信息中，工程材料信息与工程造价预测、投资估算是平台各方用户最关心的几个方面，工程材料占工程造价的70%左右，无论是招标采购还是进行成本控制都离不开工程材料的价格信息。因此，工程材料价格信息显得十分重要，如何从庞大信息量中找出符合市场的价格信息，是平台所涉及的各方都关注的重要问题。

在实际工程造价中，投资估算和工程造价指标是项目前期重要的经济技术指标，在决策分析中是不可或缺的数据信息。了解项目信息动态、行业发展趋势、成本控制等，都离不开工程造价预测，因此如何快速准确地对工程造价进行预测、对投资进行估算是需要重点研究的问题。

三、平台的总体架构

按照系统建设目标与原则及平台需求分析，平台设计不仅要能满足当前的需求，兼容现有的软件，而且要考虑长远发展，以便今后扩展。通过本平台建设，实现工程造价信息资源的集成、工程造价业务的协同共享，提升工程造价工作效率，为相关工作的预测、决策提供依据。基于大数据的工程造价信息管理平台，主要实现工程造价信息的采集、整理和分析。

考虑到技术的合理性可行性，采用Hadoop大数据处理架构。考虑到工程造价信息的大数据背景，本平台分数据集成层、数据存储层、数据处理分析层、数据输出展示层，同时用相关的标准和规范来约束、支撑架构设计。

（1）数据集成层。数据集成层在整个架构的底层，主要处理平台的数据来源，数据可以是oracle、MySql数据库或其他数据库，数据结构多样化，包括结构化的数据、非结构化的数据及半结构化的数据，数据格式包括文字、音频及图像等。有些数据可以直接存储，有些数据需要经过Mapreduce解析后存储。

本架构引入了一个数据集成层，将外部数据源层与文件层进行数据交换，使用了sqoop工具，它可以实现传统的关系型数据库与Hadoop系统之间的交换。

（2）数据存储层。文件存储层使用了Hadoop技术体系的HDFS、HCatalog及Hbase等组件，通过HDFS的分布式文件技术，将不同地方的存储设备组织起来，给数据处理分析层提供一个统一的接口供其访问。HCatalog主要负责数据表和存储管理,Hbase主要负责非结构化的大数据存储。

（3）数据处理分析层。数据处理分析层主要包括Hadoop技术体系的Mapreduce、Hive及Pig等技术。其中Mapreduce是数据处理的核心，它主要负责大数据的并行处理。一方面，它可以让开发人员直接构建数据处理程序。另一方面，Hive等数据库工具访问和分析需要Mapreduce的计算。Hive是基于Hadoop的数据仓库工具，它可以将结构化的数据映射为一张数据表，为数据分析人员提供完整的SQL查询功能，并将查询语言转换为Mapreduce任务执行。

Pig提供了一个在Mapreduce基础上抽象出更高层次的数据处理能力，包括一个数据处理语言及运行环境。

（4）数据输出展示层。终端通过web服务器、PC、手机、平板电脑等进行数据的展示输出。

四、平台的技术体系架构

基于大数据的工程造价信息管理平台的技术体系构架，依据平台的需求分析、建设目标及设计原则，考虑平台今后的需求增加和业务的扩展，应用多种服务组件来实现数据接入、丰富数据的处理，技术架构整体分为IT基础环境、业务系统接入、数据资源中心、平台应用支撑、数据交换服务及平台应用等部分。

（1）IT基础部署：IT基础部署是平台的硬件和软件环境，支撑整个平台的正常、高效运行，主要包括主机、存储、网络等设备，及操作系统、系统相关软件等。

（2）业务系统接入：主要接入外部投资决策、设计、招标采购、施工、竣工结算等阶段相关系统，将业务数据整合到平台数据资源中心。

（3）数据资源中心：数据资源中心整合了工程造价信息资源数据，主要包括政策法规库、人材机价格信息库、工程造价指标库、行业信息数据库等。

（4）平台应用支撑：主要为支撑平台应用的一组服务，包括数据管理服务、注册服务、用户管理、消息服务等。

（5）数据交换服务：主要为数据交换服务的相关组件，包括接口服务、工作流配置服务、规则管理服务、数据转换服务等。

（6）平台应用：主要包括平台的信息采集、信息发布、信息检索、决策支持等相关应用。

五、平台的组织架构

Hadoop 技术是当下处理大数据的王者技术，它具有低成本、高性能等优点，在众多商业机构和科研院所广泛应用。在基于大数据平台的组织架构设计中，平台应用 Hadoop 技术来进行组织架构，选用的是 Mater-slaves 架构。

在本架构设计中，主控节点管理着所有的功能模块节点。平台首先通过数据组件，从外部业务系统收集数据信息，并将收集到的图片、视频等非结构化数据存储在分布式集群 Hadoop 的 HDFS 上。接着通过消息组件将收集到的数据信息交由数据查询组件进行查询操作。数据查询组件在进行查询任务时，先通过数据存储索引找到数据的位置，然后将数据操作请求发给数据库管理组件进行数据的读写。在查询的基础上会进行数据分析，这部分工作主要由数据分析组件进行处理，数据分析组件通过各种数据分析方法，将数据分析任务交给 Hadoop 集群处理分析。在数据查询分析结束后，由消息中间件将数据的操作返回给客户端。

六、平台的功能设置

根据上文平台用户需求，基于大数据的工程造价信息管理平台主要设置了信息采集、信息分析与发布、信息检索、数据分析、系统维护等功能模块。

（一）工程造价信息数据采集系统

信息采集功能模块主要用于采集工程造价相关基础数据，主要包括工程造价相关政策、法规及建设行业标准规范、图集定额等采集人工、材料、机械价格信息及与之相关的供应商单位信息，另外还包括在建工程与已完工程信息，除此之外还有其他相关信息，包括工程造价政策法规、相关图集规范、行业动态、造价咨询单位信息及从业人员信息等。

（二）工程造价信息数据发布系统

信息发布功能模块主要是发布人材机价格分析，同时对材料的价格趋势进行综合对比分析。发布工程造价信息，主要包括工程造价相关政策、标准规范、图集等工程造价计价信息。执行人员与企业业绩排行主要针对咨询单位，对咨询单位及其工程造价从业人员业绩进行排行，可以增强工程造价咨询单位上报其成果的积极性，同时为建设单位选择咨询单位为其服务提供依据。

（三）工程造价信息数据检索系统

信息检索主要为工程造价相关单位提供工程造价信息检索。用户可以通过平台检索政府各单位发布的工程造价相关法律、法规，行业标准及规范，施工定额、图集等相关信息。用户可以通过平台检索人工、材料、施工机械价格信息，实时掌握市场行情。用户可以通过工程造价信息管理平台了解在建工程情况，了解在建工程的相关施工技术、造价等信息，为本单位在建工程提供参考。用户还可以检索已完工程造价信息，了解已完工程基本情况、工程特征、工程造价等，为用户拟建工程提供参考。用户可以检索类似工程概预算、招标控制价等，方便用户开展概预算及招投标相关工作。用户可以通过工程造价信息管理平台检索各地方咨询单位基本情况、咨询单位资质、人员情况、过往业绩等，方便投资人全面了解工程造价单位详细情况，从而为其选择合适的造价咨询单位提供参考依据。除此以外，用户还可以检索到整个行业的动态、先进的施工方法、成熟的经验等，方便工程造价从业人员学习借鉴。

（四）工程造价信息数据分析系统

信息数据分析模块主要通过应用程序与数学模型，对工程造价中的数据进行提取、整理、分析，主要包括基于灰色关联的投资估算、工程造价指数预测、基于 Map Reduce 的 K-means 算法进行聚类分析等，为投资决策提供依据，帮助投资人做出准确、科学和合理的决策。

（五）平台维护系统

平台管理主要为平台管理员对工程造价信息管理平台进行管理维护，包括基础数据管理、业务状态修改、用户权限管理、日志管理及数据的恢复与备份等。

第二节 工程造价信息数据采集、发布和检索

一、工程造价信息数据采集

目前我国的工程造价信息主要包括人工、材料及施工机械价格信息，在建工程与已完工程造价信息，工程造价相关政策、标准及规范等信息，造价咨询单位及其从业人员详细信息，行业动态等。其中工程造价相关政策、标准及规范等信息，造价咨询单位及其从业人员详细信息，行业动态等信息为结构化数据，采集较为容易。在综合全国各省采集工程造价信息的基础上设计了工程造价信息采集，本书主要针对人工、材料及施工机械价格信息，设计了在建工程与已完工程信息设计采集格式。

（一）工程造价信息数据采集模式

基于大数据的工程造价信息管理平台有两种不同的采集模式。一种是在平台内部采集，即在工程造价信息标准统一的前提下，在工程造价平台按照统一规范导入数据，让工程造价信息直接进入数据库，或直接在平台按照相应的规则设置字段，输入相应的工程造价信息，将输入的信息存储在工程造价信息数据库中。另一种是在平台外部采集，即通过平台的接口与外部业务软件系统实现信息交换。此种采集模式需要有接口有统一的数据交换格式，不同外部业务软件系统数据通过统一的数据映射，将数据转化为统一标准的数据交换格式后通过接口进入数据库。目前，尽管不同工程造价信息软件的数据库编码标准不同，但它们都可以将数据库中数据文件导出为 excel 形式。不过不同的软件导出的 excel 数据文件信息存在表头和顺序不一致的问题，这样将 excel 数据文件导入数据库时就不能与统一标准的数据库格式一致。本平台通过数据交换组将导入的数据文件转换为标准格式导入数据库。

（二）人工价格信息采集

人工价格信息是工程造价中不可或缺的部分，在设计采集人工价格基础信息时，要使人工价格信息与定额在内容上相符，为今后编制劳动定额提供参考。综合全国各省的人工价格情况，本书按照目前建筑的工种来采集人工价格信息，主要将建筑工种分为普工、抹灰工等 18 个工种，价格信息通过地方各造价站、造价软件等动态入库。

（三）材料价格信息采集

材料成本占整个建安工程的 70% 左右，它是工程造价中最重要的部分。材料价格信息采集主要为用户询价、制作标底价格及确定和控制工程造价信息服务，根据需求分析，本平台在价格中应尽量包括已有的材料价格信息。

工程材料的名目繁多，新材料不断涌现，价格信息采集工作十分繁重。且目前各省市地区对不同的材料品种使用频率不同，采集的格式统一相对困难。本书在设计信息采集表格时不仅包括了这些经常使用且使用量大的常用材料，也给其他材料留有补充空间。以土建为例，材料分为金属材料、混凝土 / 砂浆、水泥 / 砖瓦 / 砂石、防水材料、保温耐火、成型构件等几类。

（四）施工机械价格信息采集

施工机械价格信息主要包括施工建设使用机械的安拆费和场外施工建设发生的运输费等。施工机械使用一般包括自有和租赁两种方式。本书设计采集格式主要为施工机械租赁价格信息。

（五）已完工程造价信息采集

已完工程造价信息能反映过去时间阶段工程造价的情况，它是本平台认识工程造价信息发展规律的重要信息资源，它不仅为建筑行业政策、标准及规范的制定提供依据，也为拟建工程建筑提供了重要参考。

目前我国政府及民间已经有很多渠道来对已完工程造价信息进行采集、整理和分析，但是已完工程造价信息的采集、整理和分析还存在很多问题。首先，还没有建立一套很完备的体制。其次，有些采集的信息还显得滞后。再次，对已完工程造价信息的分析还只是停留在表面，没有深入地整理分析和挖掘数据的价值。要改变目前工程造价信息采集、整理和分析的状况，需要建立完备的信息采集、整理和分析机制，要在第一时间对工程造价信息进行详细的采集和发布，发布后要运用先进的信息化手段对已完工程造价信息进行深入的系统分析。

当前已完工程造价信息收集整理工作比较困难，因此本书考虑收集最有价值的造价信息，比如政府和民间各渠道发布的已完工程造价信息及已完工程造价信息的使用情况，设计了已完工程造价信息的采集表格（以建筑工程为例），主要包括建设工程项目概况、建设工程特征及技术经济指标等三个方面的内容。

二、工程造价信息数据发布

（一）人材机价格信息发布

人材机价格信息分析主要是根据人材机价格信息在一段时间内价格行情，求出最高价格、最低价格、平均价格，并以图表展示一段时间内的报价日期、价格、产地、趋势等。图表设计如下（以四级螺纹钢为例）：

表 3-1 材料价格行情分析表

产品：四级螺纹钢；规格：ϕ18mm；材质：HRB500E；单位：t

报价日期	价格	产地	比昨天	比上周	比上月
2016-02-22	2100	河钢	0.0%	0.0%	6.6%
2016-02-22	2100	河钢	0.0%	0.0%	0.0%

（二）工程造价企业与执业人员信息发布

工程造价企业与执业人员信息发布，主要发布工程造价咨询企业的地址、联系方式、营业执照、资质、业务范围、从业人员信息、过往业绩、法律诉讼信息等，执行人员信息主要发布执行人员年龄、资格证书、参与项目及取得成果等信息，为建设单位选择合适的咨询企业服务。

（三）其他造价信息发布

工程造价信息发布主要包括两个方面，一方面是工程造价政策法规，主要包括法律法规、规章制度、协会文件、行业动态、工程图集及定额。法律主要为国家层面的各种法律信息，包括劳动合同法、政府采购法、公司法、价格法等。行政法规主要为工程造价行业涉及各种税费的规定条例，例如城市维护建设税暂行条例、营业税暂行条例等。部门规章为与工程造价相关的部委所发布的规章制度，涉及部门有建设部、财政部、国家市场监督管理总局等相关部门规章制度等。地方规章为省市地方自行发布的造价管理办法。协会文件主要为中价协发布的相关行业信息。工程图集和定额收集国家和地方的工程图集、工程定额，供造价人员参考使用。另一方面为工程造价相关信息，主要包括各专业单方造价、人材机消耗量指标、人工价格指数、材料价格指数、建安工程价格指数等。

三、工程造价信息数据检索

信息检索模块主要用于建设工程相关用户检索工程造价信息。根据各用户的需求，模块主要有工程造价行业政策法规与标准规范检索、人工材料及机械价格检索、已完或在建工程信息检索、造价咨询单位及从业人员情况检索、工程行业动态信息检索等子模块。本平台对每个子模块设计一个检索界面，当用户需要检索相应的工程造价信息时，可以根据分类进入相应的模块检索。用户可以选择一个条件进行检索，也可以选择多个条件组合检索，检索结果通过表格的形式展现给用户，同时用户可以根据自己的需求设计相应的表格表头或输出内容进行定制输出。

（一）建设工程行业政策法规与标准规范检索

建设工程行业政策法规主要为国家管理部门发布相关政策法规文件，可以通过文号、文件名称、发文时间与发文部门等进行一个或多个条件检索，也可以直接输入政策法规的内容进行检索。

建设行业标准规范主要为国家和各省市的各类预算、概算定额、定额咨询解释等及行业标准规范、标准图集等，可以通过标准规范名称进行模糊检索，也可以通过发布时间等进行检索。

（二）人工、材料及机械价格检索

用户可以输入人材机的名称和地区组合来检索，可以检索到该地区的该要素的当前价格与历史价格。用户通过输入人材机的名称与时间来检索，可检索到该时间段全国各地区该要素的市场价格。

（三）已完工程造价信息检索

用户输入工程建设年份或工程名称检索已完工程项目概况、工程特征、工程造价信息组成、主要工料分析、主要工程分析等；用户选择住宅、公寓、别墅等工程分类可检索该类型下面所有工程的已完工程项目概况、工程特征、工程造价信息组成、主要工料分析、主要工程分析等信息；用户也可以通过输入工程特征关键字检索所有项目的概况、工程造价信息、费用构成、工料分析及工程分析等，这样可以方便用户根据类似工程特征的项目造价信息估算拟建工程造价。除此以外平台还对全国各省已完工程造价信息进行了分析，在上述的检索结构中选择省份即可检索该省份的类似已完工程造价信息。

（四）造价咨询单位及从业人员信息检索

用户在造价咨询单位及从业人员信息模块，通过输入省份可以检索到该省份的所有造价咨询单位及其从业人员信息。这样不仅有利于政府部门管理造价咨询单位及其从业人员开展工作，也有利于建设单位通过工程造价平台快速了解造价咨询单位及其从业人员信息，从而对造价咨询单位进行比选，选择符合其要求的造价咨询单位来为其服务。用户也可以通过输入工程造价咨询单位名称检索工程造价咨询单位的资质、地址、联系方式、过往业绩等，输入工程造价从业人员的信息即可检索其职称、学历、从业经历、业务专长等。

（五）工程行业动态信息检索

用户输入要检索的行业信息关键词即可检索行业新闻及公告信息、新产品新工艺、建筑行业与房地产行业整体市场状况等相关行业动态。

第三节 大数据环境下的数据库

一、传统的关系型数据库与 NoSQL

随着互联网技术的飞速发展，数据处理面临着很多新的变化，主要体现在数据量、数据特征及处理需求发生了很大变化，传统的关系数据库已经不能适应新的形势，具体体现在：

（一）无法适应多样化的数据结构

大数据环境下的数据结构呈现多样化的特点，数据结构有结构化数据、非结构化数据及半结构化大数据。数据格式有视频、音频及 web 页面等多种形式。传统的关系型数据只能处理结构化数据，因为已经不能高效地处理其他的多样化数据。

（二）无法进行高效的并行处理

大数据环境下，很多 web 页面需要根据用户的个性化特征生成一些实时的动态页面数据。同时由于很多用户在网上操作，还会产生很多行为数据，这些都与传统的 web 页面的操作有很大的不同，因此大数据环境下关系型数据并不能很好地进行高并发的操作。

（三）无法适应业务量和业务类型的快速变化

大数据环境下，短时间内一个线上业务量和业务类型会不停地变化，例如用户量会急剧上升，从百万级上升到千万级，需求也可能会频繁地增加。这对数据库的底层硬件和数据结构都提出了考验，需要它们有很强的扩展性，这些都是传统的关系型的数据库的所不擅长的。

基于以上的这些原因，数据库领域出现了 NoSQL 技术，NoSQL 是 NotonlySQL 的简称，即超越传统的关系型数据库。它没有固定的模式和表结构，因此具有灵活性好、扩展性强等特点，它对传统的关系型数据库的超越主要体现在：

（1）对事务的一致性要求放松。传统的关系型数据库的读写都是基于事务型的，主要有原子性、隔离性、一致性和持久性。一致性体现在，当向表中插入一条记录，该表的查询操作肯定能检索到这条记录。这种一致性在关系型数据库有严格的要求，但是在 NoSQL 数据库没有这么高的要求，因此这为 NoSQL 数据带来了很好的性能和架构的灵活性。

（2）改变固定的表结构。关系型数据库采用了严格的面向行的数据表结构，因此关系型数据库主要适用于以结构化数据为主的数据处理与存储，但是当业务需求变化频繁，出现数据结构和架构的变化时，关系型数据库处理就会面临困难。而 NoSQL 没有沿用面向行的表结构，而采用了如 key-value 数据库、列存储数据库等新形式数据库。基于以上 NoSQL 数据库技术的特点，以 Hbase 为代表的新型数据库被广泛应用，它们能处理 PB 以及 ZB 的大数据，可以运行在低成本计算机构建的集群环境中，实现高性能的读写等，很好地满足了大数据环境下的特定需求。

二、HBse 数据库

HBse 是 Hadoop 技术体系中的分布式列存储数据库系统，底层物理存储利用了 HDFS 分布式系统，其设计目标是为了满足海量行数、大量列数及数据结构不固定这类特殊数据的存储需求，可以运行于大量低成本构建的硬件平台上，针对的应用环境是对事务型没有特别严格要求的领域，HBse 具有以下优点：

（一）硬件要求低

由于在设计开始 HBse 就考虑了整个系统的实现成本。通过充分利用底层分布式文件系统的能力，HBse 可以运行于由大量低成本计算机构成的集群之上，并保持高吞吐的性能。

（二）可扩展性低

基于 HDFS 的分布式并行处理能力，HBse 可以通过简单地增加 RegionServer 实现近于线性的的可扩展能力。并且，无论是在小并发还是大并发情况下，HBse 都可以达到相近的高性能处理能力。

（三）可靠性好

HBse 将处理存储在 HDFS 中，通过内建的复制机制确保了数据的安全性，同时也支持以节点备份的形式，进一步提高了可靠性。

（四）存取速度快

HBse 作为典型的列数据库，以列属性为单元连续存储数据，这就使得同一个属性的数据访问更加集中，可以有效减少数据 IO，提高存取数据。

三、数据库表设计

数据库是工程造价信息平台的最重要的支撑，信息采集将采集信息存储在数据库中，信息查询需要从数据库中提取数据，决策支持需要将数据库的数据通过一定的算法进行处理、分析，供决策使用，可以说没有数据库支撑工程造价信息平台毫无意义。

通过前面需求分析，工程造价信息管理平台数据表主要包括建筑类别表、项目表、建设地点表、项目特征表、规划指标表、技术经济指标表、建安工程费表、人材机表、供应商表等。

建筑类别表：主要包括类别编码、类别名称、项目编码等字段。

项目表：主要包括项目编码、项目名称、开工日期、完工日期、建设地点等字段。

建设地点表：主要包括建设地点编码、建设地点名称等字段。

项目特征表包括：主要包括特征编码、特征名称、计量单位、特征值、建筑类别等字段。

规划指标表：主要包括规划指标编码、规划指标名称、计量单位、指标值、项目编码等字段。

技术指经济指标表：主要包括技术经济指标编码、技术经济指标名称、计量单位、产品编码、指标等字段。

建安工程费表：主要包括建安工程编码、建筑工程名称、规划指标编码、产品编码、计量单位、工程量等字段。

人材机表：主要包括人材机编码、人材机名称、人材机规格型号、计量单位、计算供应商等字段。

供应商表：主要包括供应方编码、供应方名称、地址、姓名、电话、建设地点等字段。

由于数据业务的复杂性，不能用单一模式对数据元进行管理，应将业务、技术与操作进行有机统一，将数据进行分类，理顺数据之间的关系，建立它们之间的映射，这样在访问数据时访问它们的值和关系即可。通过这种方式，本平台可以大大提高系统效率。

第四节 工程造价信息数据挖掘分析

基于前文的需求分析，投资估算、工程造价指数等是项目前期重要的技术经济指标，材料价格在工程造价中占有很大比重，招标采购及成本控制都涉及材料价格，本平台的数据挖掘分析主要集中在工程造价指数预测、投资估算及工程价格信息分析。

数据经过一系列的抽取、转换和集成以后进入到数据集中，再按照一定的规则、算法和数据模型将数据导入到数据交换平台，包括综合数据、基本数据与历史数据，然后通过挖掘算法对数据进行挖掘分析。

数据挖掘是数据处理中最重要的一个环节，传统的挖掘算法可以分为四类即关联规则分析、分类和预测、聚类分析、异常检测。

无论是传统的数据还是大数据，数据挖掘都是通过找出数据的价值为决策和研究提供依据。基于大数据，数据有着海量、动态、异构、多源等特点，因此在大数据时代关键是拓展挖掘算法，对数据挖掘中的各类算法进行改善或研究新算法，充分发掘数据的价值。本节主要应用灰色预测算法来进行工程造价预测及投资估算，利用基于 MapRuduce 的 K-means 聚类算法进行工程价格分析。

一、基于灰色关联的投资估算

投资估算是项目前期重要的技术经济指标，其范围覆盖工程项目全过程，涉及各个阶段的费用支出。投资估算中建安工程费占有相当大的比例，它是整个工程建设投资的重要组成部分，工程造价投资估算要准确，必须选择合适的数学模型。常用的工程造价模型有：移动平均预测法、指数平滑法、时间序列预测方法、回归分析法、灰色预测理论等。

（一）移动平均法

移动平均法是将过去若干期的即时的经济数据不断加入统计序列中去求

实际平均数的一种经济预测方法，实际应用中有一次移动平均法、二次平均法和加权平均法，其中二次平均法的误差最小。移动平均法适用于短期预测，对于短期序列数据，移动平均法能消除序列中的随机波动，使样本数据得到修均，但当数列的有显著的变动趋势、发展不稳定时，移动平均法不适用。同时移动平均法还存在几个问题：首先移动平均法需要庞大的过去数据进行对比分析，其次它需要不断引进新数据来修改平均值。再次尽管移动平均法的期数越大平滑波动效果越好，但是这样也会导致预测结果与数据实际变动有出入。最后虽然移动平均值能反映出趋势，但是它并不是总是能很好地反映数据波动。

（二）指数平滑法

指数平滑法是在移动平均法的基础上进行了改进与发展，它主要是通过对过往的数据序列给予平滑系数来进行预测，对近期的统计数据给予较大的加权因子，对远期的统计数据给予较小的加权因子。它的优点是不需要很多的历史数据，计算方便，同时也不需要存储大量实际数据，这样可以节省处理数据的时间和存储空间。

（三）灰色预测模型

灰色系统理论是研究不确定性系统、系统的系统以及小样本、贫信息问题建模的一种方法，该理论通过对部分已知信息的处理，找出有用的信息。它最早由我国学者邓聚龙教授于 1982 年提出，目前已经形成了一套完整的理论体系。灰色预测模型是灰色系统理论领域中最为活跃的分支之一，它在工业、农业、经济等领域中被广泛应用，解决了很多的实际问题。

灰色预测模型的思想是去掉数据序列中的老数据，同时不断补充新数据。一方面，灰色预测模型不断加入新数据能满足自学的要求。另一方面，不断去掉老数据，减少了存储备空间，使运算方便，与移动平均法、指数平滑法对比，在预测中精度、计算量及数据量等方面具有明显的优势。

在这几种方法中，运用灰色关联理论进行投资估算具有简单、快捷的特点。灰色关联分析的基本思想是根据序列曲线几何形状的相似程度来判断其联系是否紧密。如果进行比较的两个数据序列的发展趋势一致或相似，就说明两者关联度大。否则，就小。我们在对建筑工程进行投资估算时应充分考虑建设工程的多种因素，例如建筑工程的建设地点对建筑工程的投资估算会有很大影响。综合以上建筑工程的特点，本平台选择项目特征相似的工程项目进行灰色关联分析。

测算的思路是通过选取与待测算的工程最接近的若干工程，然后测算其与待测算工程的关联度，通过灰色关联度筛选出若干工程与待测算的工程的灰色关联度最接近的5个典型工程，然后对这些典型工程的投资估算进行平均取值，就可以得到待测算的工程的投资估算。工程造价平台投资估算指标的具体测算过程主要为：

首先，选取工程建设地点、工程类别及要测算的指标类型，再输入影响工程造价的关键因素如：结构形式、内装形式、给排水等，平台会根据输入的信息从数据库中检索到类似工程项目进行匹配。

然后，工程项目单方造价对匹配的类似工程项目的特征信息进行赋系数，具体数值应不小于0.5。

接下来，计算各类似工程的关联度。n个类似项目工程P1、P2、P3、……、Pn，每个典型工程有10个工程特征参数。10个工程特征分别为结构形式、内墙装饰、外墙装饰、给排水、暖通、强电、弱电，消防、电梯、燃气。典型工程参数序列为：

$$X_i = \{X_i(1), X_i(2), \ldots \quad X_i(10)\} \quad (3\text{–}1)$$

其中，i = 1，2，⋯，n

下面分别以选取的类似工程参数系数作为系统特征，计算关联灰度

（1）系统特征与其他各典型工程特征系数序列的绝对差值

$$\Delta t = \{X(1) - X_i(1)\}, \{X(2) - X_i(2)\}, \ldots \quad \{X(10) - X_i(10)\} \quad (3\text{–}2)$$

（2）找出最小差值 t_{min} 与最大差值 t_{max}，计算关联度系数。

$$m_{oi}(k) = \frac{t_{\min} + 0.5t_{\max}}{t + 0.5t_{\max}} \quad (\text{K}=1,2,\ \cdots,\ 10) \quad (3\text{–}3)$$

（3）找出关联度。

$$r_{oj}=\frac{1}{n}\sum_{k=1}^{n}m_i(k)\ （K=1,2，\cdots，10）\quad（3\text{-}4）$$

对各个工程与待测工程的关联度 r_{oj} 进行排序，找出关联度较大的前 5 个典型工程。最后，对各典型工程的相应的各分部分项目指标取平均值，即可得到工程的投资估算指标。

二、基于 MapRuduce 的 K-means 聚类分析

基于 MapRuduce 的聚类算法，是在大数据的 MapRuduce 框架下，通过对数据规模、复杂性集节点数等因素进行分析，找到它们之间的关系及影响因素，来提高并行数据处理的效率。本平台主要应用 MapRuduce 的 K-means 算法等来对工程材料价格信息进行聚类分析。

（一）基于 MapRuduce 的 K-means 算法

K-means 算法对给出的样本进行分类，测算它们的分类距离，找出最近的。这一处理过程各个工作之间相互独立，而且在每一次的迭代任务中的处理也是一样的。而基于 MapRuduce 的 K-means 算法则有所区别，每一次迭代处理，map 和 Reducec 有一样的过程。具体过程为：首先选取 M 个样本，这 M 个样本是通过随便抽取，然后将它们作为中心点，这样一共有 M 个中心点，将所有这些中心点都放到一个文件中，他们作为全局变量由 HDFS 来进行读写等。接下来对 Map 函数，Combine 及 reduce 函数都进行迭代运算。

1.Map 函数设计

Map 函数处理是用 <key，value> 表示，它们是 MapReduce 数据处理的初始格式。其中 key 是偏移量，是与初始输入文件数据的距离。value 是字符串，表示样本的多维坐标。在函数处理过程中首先要从 value 中的字符串进行解析，然后计算各个维度与 M 个中心点之间的距离，找出最近的聚类，将其下标进行标记。最后输出 <key’，value’>。其中 key’值是标记找到的聚类下标，value’是它的多维坐标。

为了减少迭代过程中处理数据量和提高通信效率，在 Map 函数运行完成后，K-means 算法添加了一个 Combine 操作，它的作用是合并 Map 函数运

行完成后的结果数据。因为 map 函数运行完成后的结果数据都在本地，这样 Combine 操作都是只需在本地操作就可以了，大大减少了通信的时间。

2.Combine 函数设计

Combine 函数处理用 <key，V> 表示，key 是聚类的下标，V 表示链表，这些链表是与 key 相对应的聚类，它由多维度数据的坐标的字符串组成。Combine 函数处理过程为首先从这些链表中解析出这些表示多维数据坐标的字符串，然后记录将他们进行相加后的总数，最后输出 <key’，value’>。key’表示聚类的下标，value 包含两个信息，一个是样本总数，另一个是表示多维坐标值的字符串。

3.Reduce 函数设计

Reduce 函数处理用 <key，V>，key 是聚类的下标，V 表示中间结果，它是 Reducee 函数从 Combine 函数中传输得到的。Reduce 函数处理过程为首先解析出处理过程中的样本个数，并记录相应节点多维坐标的总和，然后对这些汇总数分别求和，它与总个数的商即为新的坐标值。

（二）K-means 算法改进

K-Means 算法必须提前给出 K 值，K 的取值直接影响算法的效率和精度。为了更合理地选择 K 值，我们对 K-Means 算法进行改进，我们通过比较数据集中的样本之间的距离，选择近可能远距离的点作为初始中心点，再通过新生成分类确定 K 值，具体如下：

（1）对数据集 $A=\{X_1, X_2, X_3, \cdots, X_m\}$ 选取其中最大两点距离 s，t；其中 $d_{st}=\max\left\{d_{ij}, i, j \in 1,2,\ldots \mathrm{m}\right\}$。

（2）对数据集 A 中剩余 $n-2$ 个对象，以 X_s，X_t 为中心点进行聚类，即 $\forall \mathrm{i} \in \left\{1,2,3l\ldots m \quad s \quad t\right\}$，若 $\left|X_i-X_s\right|<\left|X_i-X_t\right|$，则 X_i 将归于 X_s。这样以 X_i，X_s 将数据集 A 分为两类，分别记为 A_s、A_t。

（3）对数据集 A 中，计算 A_s 到 X_s 的剩余的距离，得 $d_1=\max\left\{\left|X_i-X_s\right|, X_i \in A_s\right\}$，计算 A_t 到 X_s 的剩余的距离，得 $d_2=\max\left\{\left|X_i-X_s\right|, X_i \in A_s\right\}$，它们中较大相对应的数据记为 X_u。

（4）判断 $d_3 > hd_{st}$（h 取值一般 $\geqslant \frac{1}{2}$），若是取 X_u 为第三个聚类点。

这样 X_s，X_t，X_u 将数据集 A 分为三类，分别记为 A_s、A_t、A_u。

（5）计算 A_s 中到对象 X_s 到的距离 $d_4=\max\{|X_i-X_s|,X_i\in A_s$，计算 A_t 中到对象 X_s 的距离 $d_5=\max\{|X_i-X_t|,X_i\in A_t$，计算 A_u 中到对象到 X_u 的距离 $d_6=\max\{|X_i-X_t|,X_i\in A_u$，记 $d_7=\max\{d_4,d_5,d_6\}$ 对应的对象为 X_v。

（6）判断 $d_7>haverage(d_{st}+d_3)$，若是 X_v 为第四个聚类中心。重复第（4）步，直到找不到符合条件的新聚类中心点止。否则算法结束，X_s，X_t，X_u 为聚类中心点。

（三）聚类分析在工程造价中的应用

在工程造价实际工作中，对工程材料询价及信息查询是必不可少的。当前，工程造价人员主要依靠造价信息期刊及各类造价信息网站发布的造价进行查询和比价。造价信息刊物的信息存在着明显的滞后的特点，往往查询的数据是上个月发布的数据，而相关造价信息网站发布的信息量大，发布的材料价格有高有低，让工程造价人员很难掌握真实的市场价格。因此有必要对工程材料价格信息进行分析，找出真实的价格，以便于工程造价人员编制施工预算及投标报价等。

表 3-2 材料信息表

序号	材料名称	型号规格	单位	价格（元）	厂家
1	普通硅酸盐水泥	P.O 42.5	吨	420	XXX 厂商
2	普通硅酸盐水泥	P.O 42.5	吨	385	XXX 厂商
3	普通硅酸盐水泥	P.O 42.5	吨	330	XXX 厂商
4	普通硅酸盐水泥	P.O 42.5	吨	305	XXX 厂商
5	普通硅酸盐水泥	P.O 42.5	吨	355	XXX 厂商
6	普通硅酸盐水泥	P.O 42.5	吨	375	XXX 厂商
7	普通硅酸盐水泥	P.O 42.5	吨	390	XXX 厂商
8	普通硅酸盐水泥	P.O 42.5	吨	412	XXX 厂商
9	普通硅酸盐水泥	P.O 42.5	吨	378	XXX 厂商
10	普通硅酸盐水泥	P.O 42.5	吨	345	XXX 厂商
11	普通硅酸盐水泥	P.O 42.5	吨	395	XXX 厂商
12	普通硅酸盐水泥	P.O 42.5	吨	405	XXX 厂商
13	普通硅酸盐水泥	P.O 42.5	吨	392	XXX 厂商

14	普通硅酸盐水泥	P.O 42.5	吨	380	XXX厂商
15	普通硅酸盐水泥	P.O 42.5	吨	290	XXX厂商

下面我们对普通硅酸盐水泥的价格进行聚类分析，选取这15个厂家的信息报价进行聚类分类，将这15个数据按序号与价格组合为数据集A，则数据集分别有15个点为$\{X_1, X_2 \cdots\cdots X_{15}\}$，分别为

{<1,420>、<2,385> <3,330> <4,305> <5,355> <6,375> <7,390> <8,412> <9,378>、<10,345> <11,395> <12,405> <13,392> <14,380> <15,290>}

（1）选择数据序列中距离最小的两个数据，即X_1，X_{15}，然后对X_1，X_{15}这两个点进行聚类得两类与$S_{21}=\{X_1, X_2, X_6, X_7, X_8, X_{11}, X_{12}, X_{13}\}$与$S_{22}=\{X_3, X_4, X_5, X_{10}, X_{15}\}$

（2）针对上面分的两类数据，首先计算第一类数据中到X_1的最大距离为45，再计算第二类数据到X_{15}的距离为65，则取X_5为第三个聚类点。

（3）以X_1、X_5、X_{15}这个三个数据对数据集进行聚类，将数据集分为三类得，$S_{31}=\{X_1, X_7, X_8, X_{11}, X_{12}, X_{13}\}$，$S_{32}=\{X_6, X_9, X_{14}, X_3, X_5, X_{10}\}$，$S_{33}=\{X_4, X_{15}\}$

（4）比较上面三个数据分类中的距离，则选取为X_7第四个聚类点，继续进行聚类，则得聚类为，$S_{41}=\{X_1, X_8, X_{12}\}$，$S_{42}=\{X_2, X_6, X_7, X_{11}, X_{13}, X_{14}\}$，$S_{43}=\{X_3, X_5, X_{10}\}$，$S_{43}=\{X_4, X_{15}\}$

（5）通过上述聚类选出了X_1，X_5、X_7、X_{15}四个聚类点，对它们进行聚类分析，得出聚类数分别为3、3、7、2，最后输出如下表：

表 3–3 输出信息表

中心点	价格	聚类数
X_1	420	3
X_5	355	3
X_7	390	7
X_{15}	290	2

这样，通过对同一材料的不同价格进行分析，将价格分别进行分类，在不同的聚类中心，通过聚类中心点、价格及聚类数，让工程造价人员能够很直观地掌握所查询的价格信息，即分布中心点多的价格，这种市场占有率会大。生产经营者掌握第一手的价格信息，也有利于审计人员及时判断价格信息的真实性。

第五节 平台维护系统

平台维护系统模块主要包括用户管理、业务状态修改、日志管理及数据库备份等功能。

平台用户主要为平台管理人员以及管理人员外的造价相关人员，造价相关人员主要包括政府工作人员、设计、施工、咨询单位等单位相关人员。平台用户又分为超级管理员和普通人员，超级管理员有更改平台录入信息、业务状态，审核信息，添加、删除用户等所有功能。普通人员仅有操作基本信息采集录入、检索等功能。政府工作人员主要发布相关政策、行业标准等信息并上传到平台，也可以通过平台检索相关造价信息。建设单位主要采集已完工程造价等相关信息并上传至平台及信息检索等。设计单位主要权限为采集相关设计信息、设计概算等并上传至平台及信息检索。施工单位主要采集人材机的相关信息、施工预算等信息上传及信息检索等，咨询单位主要采集单位业绩及从业人员信息等并上传至平台及信息检索等。

业务状态主要分为信息录入状态及审核状态，新录入信息即为录入状态，经过平台管理人员审核后即为审核状态。信息录入信息不会马上进入数据库系统中，它们先被存储在一个临时数据库中，临时数据库中数据经过平台管理员审核后，才会正式进入数据系统中存储供用户检索。

日志管理为平台日常操作日志及数据库信息日志，仅有超级管理员查询权限，方便平台管理员及时了解平台信息变化，对平台进行管理，保证平台信息安全。

数据库备份为工程造价信息资源库的备份与恢复，供管理员日常维护平台数据库。

第六节 平台测试

一、平台测试环境

平台测试环境分为硬件环境与软件环境，其中硬件环境选择平台分别用5台计算机，5台计算机的配置均为CPU四核corei5、内存8GHZ、硬盘500G、网卡1000M。软件环境操作系统为Windows2008server。Java程序为JDK1.6.25，hadoop0.20.2版本。测试数据选取四组数据，测试数据的信息如下表：

表3-4 测试数据信息表

序号	数据记录	数据大小
1	1857802	24.5M
2	7472356	121.6M
3	64625712	1.2G
4	181536728	2.5G

二、单机运行时间

通过单机串行与单台基于mapduce框架下的hadoop平台计算机运行相同大小的数据来进行测试，并不断增加数据的规模。其中M为单机运行时间，N为单台hadoop平台计算机运行时间。

表3-5 单机运行时间对比表

序号	数据记录	数据大小	M（S）	N（S）
1	1857802	24.5M	168	1273
2	7472356	121.6M	1035	2132
3	64625712	1.2G	11064	18653
4	181536728	2.5G	20357	36812
5	235028236	3.5G	内存溢出	568745

通过测试可以看出，在数据量较小时，mapduce框架下的hadoop平台效率明显低于单机串行。但是随着数据规模的不断增大，单机串行会出现内存

溢出的情况，而 mapduce 框架下的 hadoop 平台能处理相对规模较大的数据，因此这体现出 hadoop 平台处理大规模数据的优势。

三、hadoop 集群运行时间

仍然按照上述数据，分别选择 1、2、3、4 个节点，测试不同节点下 hadoop 集群的处理时间，具体如下图 3-1 所示：

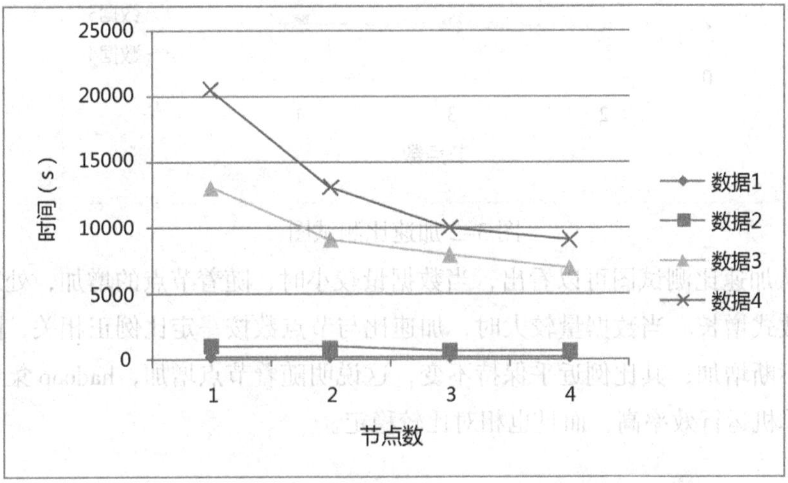

图 3-1 hadoop 集群运行测试图

通过测试我们可以看出，对相同大小的数据，随着节点增加，集群的处理速度明显变快，这说明平台运行中，我们可以通过增加节点数量来提高平台处理效率。

四、加速比

加速比是处理同一个事务，单机系统与并行系统所用的时间的比，它主要用来对并行系统或程序的性能与效果进行衡量。平台测试主要通过增加集群的节点数来测试计算机的处理能力。

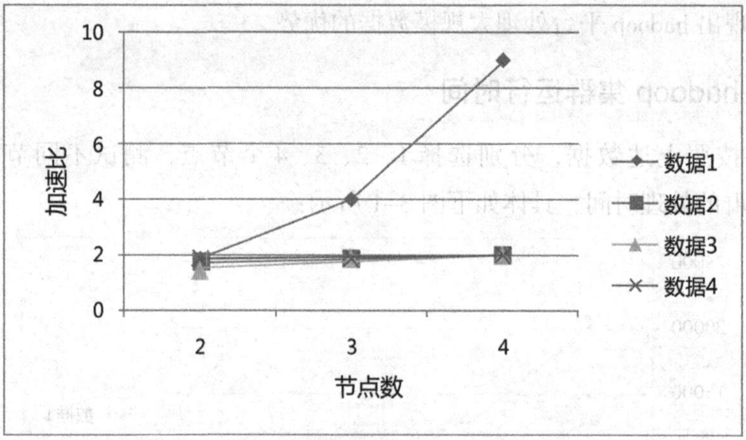

图 3-2 加速比测试图

从加速比测试图可以看出，当数据量较小时，随着节点的增加，处理速度指数式增长。当数据量较大时，加速比与节点数按一定比例正相关，随着节点不断增加，其比例近乎保持不变，这说明随着节点增加，hadoop 集群明显比单机运行效率高，而且也相对比较稳定。

第七节 平台建设、运作与维护策略

一、平台的建设策略

（一）组织结构建设

基于大数据的工程造价信息管理平台涉及单位众多，在平台的组织建设方面应建立以政府为领导的平台建设小组，平台建设小组应包含政府、工程造价协会以及参与平台试点建设的建设单位、设计单位、施工单位、咨询单位等。政府层面，主要负责信息采集标准制定及组织、管理本级与下级单位参与平台的建设。工程造价行业协会主要负责各单位的组织和协调工作，收集各单位上传的信息数据。数据的整理应选择专业化的咨询单位来进行数据的审核、整理等工作。

在具体组织建设中，应包括技术组与业务组两个层次。技术组主要负责从技术角度进行方案制定和软件开发，负责运行环境建设和软件系统部署、分析和评估平台建设中的技术需求和问题，负责平台技术方案的讨论、设计和技术实现工作。业务组负责提供业务需求和信息数据整理，负责平台的测试、试运行、基础数据整理及测试工作，对测试发现的问题及时记录并提交技术小组加以修改和完善。

（二）协同工作制度

一方面，建立一套中央到省、地方的垂直管理机制及政府内部各单位之间的交流制度。另一方面，充分利用信息技术搭项目管理系统，形成政府、建设单位、设计单位、施工单位等彼此的信息沟通和信息共享。除此以外，还应制定相应的法律和法规，形成一套政府监督机制和社会监督机制来监督平台建设工作。

在实际平台建设工作中，沟通除了信息化手段外，还要采用会议和书面形式。会议定期或不定期举行，主要包括建设进度审查会议、建设关键阶段评审会议等。同时在实际工作中要按周报、月报、阶段报告（以里程碑划分）三种报告方式进行项目工作汇报，工作汇报的对象是项目负责人代表，接收工作汇报的人必须签署回复意见或建议。

（三）风险控制机制

风险控制要贯穿平台建设的始终。从平台立项、方案的讨论、项目建设到最后的平台验收工作要充分考虑项目建设的风险。

项目建设要同时建立风险预防和化解机制，风险计划与处理情况要作为项目计划、项目报告的重要内容之一。风险的预防和化解，采取迭代的方式进行，时刻注意风险的预计、累积与化解。风险控制机制应在项目负责人中形成共识，不同的风险应该由不同级别、范围的项目负责人共同协助防范与处理。

风险识别周期分三种：项目启动、里程碑阶段和每周。项目启动时、每到达一个里程碑、每周开始，都要列举可能遇到的风险、风险影响、风险级别、处理措施。对化解的风险、化解措施等都要做详细记录。

二、平台的运作策略

（一）数据采集与整理策略

数据的收集与整理是平台最基础的工作，但也是平台得以发挥其作用不可忽视的重要环节，没有有效、规范的数据采集与整理，平台的建设等于零。

数据采集方面，首先要保证数据的完整性，对于不完整、残缺的数据应及时抛弃，避免进入数据库影响后期的检索与决策分析。其次要标明数据的出处，这样在发生问题时能追本溯源，及时查找到问题的所在。

数据的整理方面，首先，应由专业化的团队统一进行数据筛选、审核工作，团队成员必须熟悉工程造价业务。其次，数据的整理要有一套完善的审核制度，对采集到的数据进行筛选、审核，保证数据的合法性、有效性。再次，要充分应用信息化技术手段，实现数据的批次处理，提高数据整理的工作效率。

（二）实时数据发布机制

一方面，应由中国工程造价协会协调各地方造价站，建立一套完整、及时的全国造价信息发布机制。另一方面，应由政府组织牵头，协调各建设单位、设计单位、施工单位、工程造价单位、软件提供商等及时上报、发布材料价格、已完工程等工程造价信息，建立一个全国性的综合信息发布网络。除此以外，企业内部应形成信息共享氛围，激励个人共享信息资源。

三、平台的维护策略

在平台的维护中，平台及其数据的安全因素是平台维护中的核心部分。在平台的功能模块设计中，本平台已经设计了维护系统，由专业的维护人员进行系统的维护。除此以外，还应有相应的数据备份与容灾措施及安全体系来实现无人值守，自动保护平台数据的安全性。

（一）数据备份与容灾

由于本平台是从全国性的角度来进行考虑建设，平台的数据库信息体量庞大，随着数据体量的高速膨胀，历史数据的备份是不得不考虑的问题。同时自然与人为因素和平台本身潜在的破坏性因素都可能会导致数据的不安全。因此，完备的数据备份与容灾是平台维护的不可或缺的部分。

在平台数据备份方面应选择高性能的服务器，通过统一的备份软件进行管理，通过相应的备份许可，能备份相应的数据库文件和一般文件，既要能实现主数据中心备份，也要能实现容灾数据中心的统备份，并保持两者的一致性。

数据容灾是指一旦 IT 系统发生灾难性的事件导致系统遭受破坏，容灾系统能保护数据的安全性。平台容灾系统建立应能实现存储系统之间的数据自动复制，不需要人工干预，不占用服务器资源，实现数据的实时复制。

（二）安全体系设计

针对平台内部业务需求的有关信息以及与外部交换的业务信息和向社会发布的信息所面临的潜在的安全风险，结合需要保护的各类信息及可承受的最大风险程度的分析，制定与各类信息系统安全需求相适应的安全目标，建立可适应安全模型，并为系统配置、管理和应用提供基本的框架，以形成符合基于大数据的工程造价信息管理平台要求的合理、完善的信息安全体系。

在具体的安全体系设计中，首先要建立一套覆盖平台所有相关人员的安全管理制度。其次要对平台使用与访问人员进行权限分类设置。再次要将访问控制技术、密码技术和鉴别技术等信息技术应用于基于大数据的工程造价信息管理平台来保证平台的数据安全，除此以外还应设立一套监控体系，对平台使用和访问人员进行合理的监控。总之要建立制度、管理、技术、监控等一体的安全体系来保障平台数据的安全性。

第四章 BIM 技术在工程造价管理中应用研究

第一节 BIM 技术在工程造价管理中应用研究现状

近年来，BIM 技术在国家政策的支持下，在我国有了一个飞速的发展。同样的，工程造价管理模式出现了质的飞跃，传统计价模式存在的信息不对称、工程项目实施过程中多次计价、市场机制不完善、“三超”现象严重等问题已经得到相应改善，但是现阶段造价人员主要工作仍然集中于工程算量，还没有发展到对工程成本进行控制的程度。BIM 技术作为建筑行业实现现代信息化的方式，已经在造价管理过程中得到了有效利用。

在信息化时代背景下，将 BIM 技术应用在工程造价管理中是必然趋势。综合历年来研究文献来看，大多是对 BIM 技术在工程造价管理中的适应性和优势进行分析，而基于 BIM 技术的工造价全寿命周期管理的研究比较少，对于现阶段研究现状，本书提出基于 BIM 技术的工程造价全寿命周期管理的知识结构，为 BIM 技术在我国工程造价行业发展及推广提供良好的理论基础和技术支撑。

改革开放以来，建筑业作为国民经济发展的重要决定因素，随着生活水平的不断提高，各项建筑成本也在逐渐增加，在经济全球化的大趋势下，利用信息技术对工程造价进行控制，对提高工程造价管理的效率、增添建设项目的投资收益具有重要意义。

实践证明，适用可行的管理制度、信息化手段可以实现工程造价管理的高效控制，BIM 技术在工程造价管理中的应用，解决了传统工程造价管理中的信息不对称、造价信息难以共享以及工程频繁变更等严重问题。BIM5D 技术在施工阶段的应用，让工程项目各参与方可以更高效、准确地获取工程项目成本动态信息，使得工程项目各参与方达到效益最大化。因此将 BIM 技术应用于工程造价全寿命周期的管控，将会为建筑产业信息化奠定良好基础。

为此，首先应根据现阶段国内外 BIM 技术在工程造价管理中的应用研究现状，找出国内工程造价管理模式的问题所在，然后对 BIM 技术在工程造价全寿命周期管理中的各个阶段的应用情况、价值以及阻碍因素进行研究，最后针对 BIM 技术在工程造价管理中的阻碍因素提出解决对策及建议，为我国建筑产业信息化的实施奠定良好的理论基础和技术支撑。

一、工程项目策划阶段的应用

在这个阶段主要是做好投资估算指标的确定和方案的优化工作，依此对建设项目做出科学的决断，并制定出最合理的投资方案，达到资源的合理配置。通过建立企业级或行业级BIM数据库，依据建筑图纸来抽取一些关键指标，进行投资方案对比、分析和最终确定工作。在投资方案比选时，BIM 软件根据修改内容，自动计算不同方案的工程量、造价等指标数据，并通过三维的方式展现，同时直观方便地进行方案比选。

利用云平台可以直接在数据仓库中提取相似的历史工程的 BIM 模型，并针对本项目方案特点进行简单修改，模型是参数化的，每一个构件都可以得到相应的工程量、造价、功能等不同的造价指标。根据修改，BIM 系统自动修正造价指标。通过这些指标，可以快速进行工程价格估算。这样比传统的编制估算指标更加方便，同时查询、利用数据更加便捷。这个阶段想做好投资估算就必须做好投资估算指标的积累以及方案的优化，对投资估算指标的比对分析，传统的做法是依据当地行业部门所提供的历史数据，造价人员凭借工作经验分析对比，这样就会在一定程度上影响估算指标的精确性。又因为在项目策划阶段对审核业务的重视程度不够，行业目前并没有在此阶段深入地进行投资估算、设计概算的审核，实际上该阶段同样需要进行估算指标的审核。

二、工程设计阶段的应用

工程造价管理的关键工作是在项目策划和设计阶段，而在项目投资决策后，控制造价的重点就是在设计阶段。我国目前采用的是限额设计，在设计阶段形成的是建筑概算，即对于政府投资工程而言，经有关部门批准的工程概算，将作为拟建工程项目造价的最高限额。

传统的设计做法是将项目的建筑施工设计、结构施工图设计、水电安装施工图设计和消防施工图设计分别由相应的专业设计师分别设计，一般是建筑设计师把建筑施工图设计出来，再分别交给结构设计师和水电安装设计进行设计，整个图纸设计完成后再分别出图形成最后的建筑施工图。这里面就存在一个协调的问题，由于设计者的不同，彼此对设计所关注的点就不同，所以在实际施工中会出现结构图和建筑图中构件相冲突、构件位置不一致，设备安装图与结构图纸不符等现象，因此在图纸会审中会有很多关于专业设计图纸不相匹配、设计变更出现的情况。分析原因其主要是专业设计软件间不能兼容互通，因为不同专业的设计对设计软件功能要求就不一致，建筑设计软件中没有构件的有绘制配筋的功能和工程量统计功能；结构软件中没有装饰装修设计功能和工程量统计功能。设备安装软件对于所有建筑和结构构件都没有绘制功能和工程量计算功能。

在此阶段利用 BIM 技术可以最大限度地避免这种现象的出现。同时利用软件中最强大的可视化建模功能，将工程设计中的使造价更合理、提高资金利用率、提高投资控制的效率的三个目标实现了。BIM 技术在设计方面把设计不协调的问题给解决了，把传统的软件设计与迅速发展的信息技术相结合，它搭建了设计专业的协同工作平台，这样就能保证各个专业之间的数据能够准确、及时地传递，同时也能够被其他专业的设计人员掌握，并对各自图纸做出相应调整，避免实际施工时多专业图纸间的碰撞和专业图纸不相匹配的问题出现，同时也可以实现同专业多种设计软件兼容的问题，即建筑模型可以导入到结构软件中，结构模型可以导入到建筑设计软件中。同时建筑模型和结构模型在发承包和施工阶段都可以导入到相应的计量与计价软件以及项目管理软件，如：三维场地平面布置软件、招投标软件、BIM5D 软件、模架软件中。

目前在模型建立有此项功能的软件的代表有：BIM 软件有 Revit 和 Magi CAD。Revit 是 Autodesk 公司研发的系列软件的总称，它是为 BIM 构件的，也是我国建筑行业 BIM 体系中应用最广泛的软件之一，它作为一种应用程序，结合了 Revit EMP、Revit Architecure 和 Revit Structur 软件的功能。

Revit 软件的核心特性是参数化构件、兼容 64 位支持、工作共享、Vaule 集成；设计特性是多材质建模、设计可视化；分析特性是分析模型、冲突检查；文档编辑特性。Revit 软件可以按照建筑师和设计师的思考方式进行设计。通过使用专为支持建筑信息模型工作而构建的工具，使该软件具有了设计和分析功能，利用软件这一功能可以使得建筑模型从设计到建造的每个阶段都保持一致性。

Magi CAD 软件是一款目前在建筑电气、给排水、通风与空调工程方面应用较为多的设计软件。它将空间模型与参数化设计信息结合在一起，可以同时绘制二维图平面和三维立体图，边绘图、边计算使得模型更加直观。它可以完成 5 个方面协同，即专业内部的协同、跨专业协同、建筑设备与建筑专业间的协同、各类管道的碰撞检查。

这两款软件目前在建筑设计中已经开始尝试着使用，在沿海地区应用较为普遍，这两款软件功能很强大，但是它们有各自的特点和区别，我们在实际工程中应根据设计专业的需要进行灵活使用。

三、工程发承包阶段的应用

在工程发承包阶段，发包单位的工作是编制招标文件，确定招标控制价；承包单位需做两方面的工作，即一是利用 BIM 技术进行投标报价及投标文件的编制；二是对招标策略的分析与选择。

利用 BIM 数据库中的数据，可以方便快捷地进行招标策划，对工程量清单、招标控制价或标底进行全面的分析，并能够确定投标报价及其策略，确定承包合同价，收集和掌握施工有关资料，还可以确定承发包阶段的合同价款，实行建设项目招标投标。利用该技术可以促进发承包双方基础工作的精确性，可以使各自利益达到最大化。

本阶段发承包单位，都可以利用策划阶段和设计阶段建立的同一模型，开展自己的工作，发包单位利用统一的模型通过招投标软件进行招标策划、编制、招标和控制价或标底；承包单位利用统一的模型通过招投标软件和审核对量软件，进行工程量清单、报价及其策略的投标审核，确定承包合同价；承包单位在设计阶段利用 BIM 技术建立的模型，可以直接将其导入到施工阶段所使用的软件当中，不需要再重新创建模型。不仅可以不用统一模型，还可以实现模型的可视化。

但是设计阶段的 BIM 软件和施工阶段是不相同的，需要进行数据对接才能够实现，当前阶段国内的相关软件还不能够做到数据的无缝对接。

利用 Revit 模型导入算量软件插件，实现了基于 Revit 创建的设计阶段三维模型，可以直接导入专业算量软件，用于工程计量、计价。结构施工图设计软件 GICD 实现了 PKPM 结构计算模型经过配筋设计后导入 Revit，形成基于 Revit 的设计阶段三维模型，并能直接导入专业算量软件，用于计量与计价。

打通主流设计软件（Revit）与主流工程算量软件（GCL）的数据交互，直接将 Revit 设计模型软件，免去造价人员的二次重复建模，提高造价人员的工作效率；打通主流结构设计软件（PKPM）和主流设计软件（Revit）与主流工程钢筋量计算软件（GGJ）的数据交互，直接将 Revit 模型导入算量软件中，免去造价人员的二次重复建模，提高造价人员的工作效率，同时将所建立的模型导入到招投标软件中做好投标价，再利用审核软件对投标价进行分析，以便确定最后的投标价格。

在技术标制作阶段应该将施工进度技术、场地平面布置、模板脚手架搭设方案和塔吊的安拆方案利用对应的网络计划编制软件、场地平面布置软件、模架软件进行系统设计，再通过软件的分析功能对所设计的方案进行最优化的调整，利用软件综合性、可视性及模拟建造的特点做好技术标的制作。

通过该技术，可以把存储在城市建设档案库中海量的工程蓝图、CAD 电子图纸，以及过去、现在、将来城市建设中新的海量工程数据进行加工，转换成为“智慧城市”平台软件可以识别的数据和信息，形成数据库。BIM 技术可以实现建筑全寿命周期内的数据信息共享，同时对招投标阶段发承包商合同的签订也有一定的促进作用。

四、工程施工阶段的应用

该阶段利用 BIM 技术协调性、模型化及可视化的特点，借助于 BIM 软件中的项目管理软件和计量与计价软件进行控制工程变更、现场签证管理、结算支付（审核对量软件）、处理工程保修费等主要工作，对实施工程费用进行动态监控（BIM5D），进而实现工程中实际发生的费用不超过计划投资。BIM 项目管理综合软件是将项目管理中的 BIM 模型与 BIM 计量和计价模型相组合，整体展现项目进度、成本、人材机使用情况。在实时监控结构安全状态的同时，动态进行施工进度的管理与分析，并可为及时提出预防和改进措施提供可靠的技术支持和服务。

目前是我国 BIM 技术应用最成熟的一个阶段，该阶段主要应用的 BIM 软件分为三大类即：一是计量与计价软件，二是项目管理软件，三是审核检查软件。BIM 技术对于施工企业无疑是进一步提升工程利润的有效工具，因为施工企业的利润率偏低，引入 BIM 技术将为施工企业创造更多的价值。因此，施工单位对引入新方法、新技术来提高利润率和生产效率的动力必然会比设计方和开发商高得多。可以利用 BIM 技术进行工程计量及工程竣工支付管理，实施工程费用动态监控，处理工程变更和索赔，编制和审核工程结算、竣工决算，处理工程保修费用等。

具体就体现有些建设项目在施工阶段，施工过程中的设计变发生得很频繁，而且现场参与建设的单位众多。如何快速、便捷地将最新的设计要求传达到每一位技术人员，以便及时调整施工方案并进行交底，确保施工不出现偏差。为解决这一问题，例如中建五局安装公司，他们公司的 BIM 组引入了分布式云平台技术，建立了云平台工作组，由管理员根据设计变更情况进行数据更新，工作组成员在 wifi 环境下打开 ipad，即可收到模型更新信息，实现信息无障碍沟通，提高了工作效率，确保了施工质量。同时，工程项目的技术人员通过云平台技术，实现了模型构件与现场构件的一一对应，建立了多个物业管理的分区巡更视角管理系统。云平台成员打开相应空间的视角，利用 ipad 的陀螺仪和操纵杆能快捷地找到相应的构件并获取构件信息，从根本上解决了超高、隐蔽构件的可视信息管理。

结算主要是施工单位按照与建设单位签订的施工合同，依据图纸、变更资料向建设单位依法获取的工程款，施工单位提出计算的工程量和价格，建设单位据此来审核是否向施工单位发放工程款。工程结算需要建设单位和施工单位都要编制工程结算文件，也就是做工程结算价。结算文件有两种编制方法，即：合同预算不做任何调整，只做变更、洽商部分的结算；在合同预算基础上调整变更的部分，洽商单独做。传统的做法是，发承包方利用同一图纸进行算量，结合实际工程中发生的变更及签证，双方的预算人员进行人工对量。一个工程一般至少有 200–300 条的签单子目，都需要双发一对一审核，这样人工核对不仅工作量大，而且双方的因算量的模型不同，因此在工程量上争议很大；当工程中存在发生变更及签证，在进行双方对变更和签证是否造成重复计算、变更价的最终确定上也是存在着争议。利用 BIM 审核对量软件，对送审的结算文件进行审核，施工单位和建设单位都是用同一模型计算的，工程量是相同的，双发不存在争议。同时审核和送审的文件是统一的模式，只需通过电脑核查不一致的项目即可。

工程项目建设是一种专业性综合性很强的经济活动，工程项目建设全过程造价管理又是一个十分复杂的体系，它是以项目管理为着眼点，以项目全生命周期为全过程，以成本管理为中心，以合同为依据。在我国建筑业信息化道路上，面对工程造价信息时代的到来，需要我们改变原来固有的管理理念，改进工程造价管理的方法，在建设项目的工程造价管理全工程中使用 BIM 技术，这不仅对工程造价管理体系不断的发展有促进作用，而且势必发挥举足轻重的作用。通过 BIM 技术在工程造价管理地点全过程中的应用，可以改变我国造价管理失控的现状，增强企业与同行业之间的竞争力，实现我国建筑行业乃至经济的可持续发展。BIM 技术不仅使现有项目管理技术有了进步并且实现了更新换代、实现了建筑业跨越式发展，它也间接影响了建筑业的生产组织模式和管理方式，并必将更长远地影响人们的思维方式。

第二节 BIM在工程造价管理中的关键技术

一、关键技术

（一）建模算量

通过BIM模型建立实现信息化建设，它是集成建设项目的所有相关信息的模型，模型数据的精准度达到了构件级别，这也是应用BIM技术的原因之一。BIM软件可以实现工程量的自动计算，形成强大的结构化数据库，为工程建设项目的算量提供了良好的平台。

（二）工程造价分析

基于BIM技术的成本分析软件可以实现BIM建模软件的无缝连接，此外，BIM模型的数据库还可以用来实现组件成本的准确统计分析，打破了造价传统的分析模块方式，实现了框图出量计算价，将造价与图形信息反查变为了可能，BIM技术的应用为造价过程分析管理提供了技术支持。

（三）电子数据系统（EDS系统）

电子数据系统（ElectronicDataSystems—EDS），通过利用许多已建的工程建设项目的电子信息数据，BIM模型作为电子信息的载体可以形成一个大型数据库。EDS系统为企业层级与项目层级的信息流通提供了可能性，同时也提高了企业层级的集成化运营管控能力，是企业层级信息化的强大数据库。

（四）移动数据客户端

通过BIM浏览器和电子数据库的连接，可以快速实现查看工程信息模型、资料管理、调用项目数据等功能，从而进行统计分析。管理驾驶舱还可以通过电子数据系统实现企业集成化信息管理以及项目各个阶段的成本对比管理。

二、BIM 技术的价值

（一）促进数据共享

一个建设项目的完成不只是施工方的任务，还需要业主、设计单位、造价咨询单位等多方单位相互配合，因此，各方间信息无误传达是保证项目正常进行的重要前提。然而工程项目完成需时间较长，伴随着大量的变更信息，使得各方之间的沟通与信息交流面临巨大挑战。由于缺乏有效沟通与交流、信息传达不及时，导致工程项目施工缓慢、延误工期等现象时常发生。目前，各方交流信息的主要是通过开会的方式，由于参与方众多，信息交流量巨大，各种会议也是层出不穷，监理会、第三方会议、总承包会议等，从项目成立之初到项目结束，各种会议让各方应接不暇，各方人员凑在一起，不仅时间很长而且开会效率也很低，缺乏针对性。BIM 技术的诞生将为各方提供一种新的高效的交流信息的方式，使得开会的次数越来越少，针对性强，各方可以针对性找到有问题的一方，不用各方都到场，各方可在BIM上共同交流信息，各方的建筑信息都在BIM上，避免出现信息的偏差，有益于各方达成一致意见，从而达到节约成本的目的。BIM 模型中所包含的信息，不仅有几何尺寸信息，还包括材料强度信息、来源信息、造价信息、合同信息等。

（二）优化资源计划

将来的造价工作不应只是计算工程量等，更应该投入到优化资源从而达到降低成本的目的工作当中，这样才能更好地体现造价工作的作用。从前期项目的计划筹备到项目的施工，最后到项目的竣工，都应有造价工作的参与。优化资源是造价工作很重要的一个部分。传统项目资源管理优化主要还是利用人工计算，利用人的经验进行分析，从而制成各种资源进度表格，错误率高、效率低，大型项目信息量大。利用 BIM 信息化的计算机技术，可以将大量项目信息存储在 BIM 模型中，并利用智能化技术进行计算，节省大量人力劳动。利用 BIM5D 模型模拟施工过程，进行各种实验，提前预见各种风险，例如，通过 BIM 快速精确地进行工程量计算、对量等。BIM 的高速度的计算功能、数据的有效处理能力及分析能力，为设计工程项目的招投标计划提供便利，对于减少招标时间不能按期进行、施工流程的冲撞及工程材料管理混乱等现象发生具有很好的促进作用，从而使工程造价的管理更加科学化、精细化。

（三）简化工程算量

算量是目前咨询公司的主要工作，这种工作的特点是计算量很大，且需要不断地反复工作，不仅耗费时间且含金量也不是很高。当前，一些算量软件虽然使算量工作变得不那么繁琐，但是效果依然不是很明显，工作者仍需将平面二维图纸进行拼凑、转化、重组，进而获得三维图，在工作过程中极容易产生一些错误，从总体上看，工作强度依然没有减轻。BIM 技术运用的最终目的是，从设计到项目管理、施工、采购以及后期的运营，都采用同一个三维信息模型，不同软件之间可以流畅地交流与沟通。例如设计的成果文件电子版可以直接导入到造价软件中，从而形成各种工程量信息，造价人员只需要根据合同要求匹配相应定额和造价信息就可，从而实现真正的精细化全过程动态管理。

（四）积累建筑数据

建筑信息数据积累对一个好的造价咨询公司至关重要，对一个好的造价工程来说更是其核心价值体现之一。但是目前的咨询公司对这方面的重视程度还很一般，主要是依靠有经验的工程师进行数据积累和各种造价分析，但是公司人员流动频发，造成大量经验数据也随之流失，给公司造成了不可挽回的损失。现今社会是信息数据的社会，总理大力推广互联网 +，这也为我们创造了契机，互联网 + 的云平台 BIM 的存储技术和分析能力为我们很好地解决了以前项目信息量大、分析数据多等困难，从而高效地进行了数据的积累和分析。工程实施中，BIM 为参与各方搭建了一个信息交流的平台，不仅能提供工程项目的三维立体模型，同时也会将各种信息数据进行分类存储，各参建方可自由调动与交流，避免信息堵塞、施工不畅的情况发生。对于信息数据的及时更新与修改，则由专业人员负责完成，避免因信息更新延误使各方获得信息产生偏差的情况发生。工程项目具体施工过程中，BIM 储存的有关信息数据，可按时间阶段或单项项目审查。在项目结算时，工作人员可直接访问 BIM 软件，了解整个项目所有的信息资料数据，并进行相应的审核与整理。BIM的强大信息数据存储与分析功能，让工程项目的数据积累与处理变得更加容易，将人力从复杂的数据处理工作中解脱出来。

（五）实现全过程造价管理

BIM实现了真正意义上的全过程造价管理。估算阶段：基于BIM模型的数据，可以得到工程量的大约数值，再考虑造价单价等指标，即可得出工程项目的估算值。概算阶段：基于BIM模型数据，可获得项目工程各个构件的指标以及工程量，再考虑概算的标准指标，即可得出工程项目的概算值。不一样的方案设计，即可获得不一样的概算值，通过概算值的对比，就可对设计方案进行比选。施工图预算阶段：此阶段构建的BIM模型数据更为详细，所获得工程量也较为准确，为预算提供准确信息数据。招投标阶段：此阶段基于BIM模型，可以获得完整的工程量清单，所有构件都包含在清单中，避免人工计算错漏情况的发生。投标人将工程量与清单进行对比，为招标工作的顺利进行奠定基础。签订合同价阶段：参考BIM模型数据信息，并与所签合同进行对照，建立一个包含合同信息的原始BIM模型，在实际施工中，若有变更即可在此模型上进行，便于合同的及时修改，为后续的结算工作提供便利。施工阶段：BIM模型涵盖了各种变更以及构件信息，一旦有变更就会被BIM立刻记录下来，为变更的审核提供基础信息。结算阶段：以前述的各个工程阶段的数据为基础，BIM模型包含了全过程各个阶段的数据信息，并进行了分类处理，与工程实际保持一致，有利于结算工作的顺利进行。

第三节 BIM 技术应用前后工程造价管理模式的变化分析

BIM 技术在工程造价管理中的应用，给造价管理模式带来了重大变革。如表 4-1 为 BIM 技术应用前后工程造价管理模式的变化情况。

表 4-1 BIM 技术应用前后工程造价管理模式变化分析表

程造价管理模式	BIM 技术应用前	BIM 技术应用后
采购模式	DBB 即设计 - 招标 - 施工模式、DB 即设计 - 施工模式	IPD 即集成项目交付模式应运而生
工作方式	造价咨询单位与项目各参与方“点对点”形式	项目各参与方组成项目信息“面”的形式
组织结构	以造价咨询单位为主的流线型组织结构	项目参与方抽取人员组成基于 BIM 技术造价管理小组的矩阵组织结构

如表 4-1 所示，BIM 技术的应用给工程造价管理模式带来了 3 个大变化，即采购模式、工作方式以及组织结构。

采购模式由传统项目管理的 DBB、DB 逐渐转变成 IPD。DBB 模式具有衔接刻板、费用高、索赔多、责任不清、协调困难、施工性差、变更频繁等缺点，而 IPD 模式下，BIM 技术的应用解决了这些传统造价管理信息难以共享的问题。

工作方式发生了由“点”到“面”的转变，传统的造价管理模式是以咨询单位代表业主主导，在管理过程中也是以工程造价咨询单位与项目各参与方进行单方沟通，BIM 技术的应用打破了这种沟通方式，实现了项目各参与方的协同工作的方式。

组织结构形式由流线型变为了矩阵型，矩阵组织结构形式最大的特点就是可以实现 BIM 信息流的及时传递共享，对项目各参与方的工程造价协同管理具有很大的促进作用。

第四节 BIM技术在工程造价管理中应用的优势分析

从BIM技术的概念来看，它是建设项目设施的物理、功能特征的信息数据表达技术，也是实现数据信息共享的载体，还能够为项目设施的全寿命阶段提供决策依据。目前，我国在决策、设计、施工以及竣工阶段仍然采用阶段性造价管理，并没有实现全寿命周期造价管理，因此导致各阶段各项目参与方的信息数据不系统、不连续，给其沟通带来了阻碍，而BIM技术的应用恰恰可以冲破这一阻碍，在建设项目的不同阶段，不同参与方都可以在BIM模型中输入、输出、更改和更新相关信息，实现共享协同工作。

从BIM技术自身的特点来看，BIM信息模型是可以包括工程项目全寿命周期以及各参与方的集成化平台，在该平台上，可以实现项目信息协同、共享、集成统一管理，而此功能对于解决工程造价中的诸多问题来说益处颇多，比如能够实现各阶段数据信息传递以及多方协同工作，BIM技术在工程造价行业的应用为实现全寿命周期造价管理提供了可靠的基础和依据。

从BIM技术参与者角度来看，项目各参与方认为BIM技术的价值是不同的。美国CIFE曾经对此做过相关研究，他们对不同的单位进行量化处理，归纳概括出BIM技术的应用优势包括：可以消除40%超出预算范围外的变更；控制造价精度在3%以下；缩短工程造价预算时间的80%；还可以把合同价格降低10%、项目时限缩短7%等，BIM技术的应用从根本上改变了工程造价管理模式。综合以上分析，BIM技术在造价管理中的应用价值主要表现在以下方面：

（1）提高了项目参与方协同能力。BIM技术在工程造价管理的应用实现了横向和纵向信息的实时动态分析、共享以及协同功能，这一功能的实现为工程项目各参与方的成本控制、建筑市场的透明度的提高起到了至关重要的作用，也为工程造价全寿命周期管理的实现提供了良好的技术支撑。

（2）提高了工程量计算的效率。工程项目造价管理的核心内容就是工程量，它是所有成本管理活动的基础，如成本计算、工程投标、商务谈判、合同签订、进度支付等。运用 BIM 技术的工程量计算软件，根据国标规范、相关计算法则进行的布尔 3D 以及实体扣减运算，大大提高了工程量计算的准确度，并且在计算的同时还能够自动输出电子文档以供项目参与方的信息互换、共享、长途传输和永久保存；除此之外，同一项目的不同专业参与方不需要重新建立模型，只需在已建模型中输入专业数据信息，便可以得到算量结果。BIM 算量软件的应用让造价师摆脱了呆板的机械算量工作，让他们的能力用于成本控制、询价、评估等更有意义的工作中，工程造价师的工作不再仅限于工程量的计算，更多时间和精力致力于造价管理方面。

（3）提高了工程量计算的准确性。BIM 模型的数据库功能是用来存储项目各构件信息的，造价人员能够在计算时随意提取项目相关构件信息，这样既提高了计算效率，也为减少人员辨认构件信息的主观错误提供了可能，从而得到更加客观准确的数据。此外，云端计算技术水平的不断提高，给 BIM 算量的智能检查和提高模型准确度提供了可能性。

（4）提高了工程造价前期的管控能力。BIM 算量软件可以快速准确地将工程量计算出来，并且设计人员能够及时得到项目信息数据，提高了项目前期阶段对工程造价的管控能力。另外，运用 BIM 技术可以更好地处理设计变更，比如，在现存的工程管理模式中，发生设计变更后，造价人员需要在软件中找到发生变化的构件信息，然后对其进行修改，这样既没有效率，也降低了数据的准确性，而 BIM 软件与成本计算软件的集成恰恰可以很好地解决此类问题，BIM 所建立的模型可以将构件和成本信息数据进行连接，可以直观简洁地改变变更内容，然后得出结果。设计人员可以及时掌握变更后的信息并了解设计方案的变化对成本产生的影响，也便于业主方从项目前期设计阶段便能对项目成本进行控制。

第五节 BIM 技术在工程造价管理中应用的阻碍因素分析

2015 年，中国建筑施工行业信息化发展报告的核心内容仍然是 BIM 的深度应用与发展，根据其中的调查显示：在被调查的企业中，还没有推行 BIM 计划的企业占 25.5%，普及 BIM 技术相关知识的企业占 38%，进行 BIM 技术项目试点的企业占 26.1%，而大面积推广使用 BIM 技术的企业仅占 10.4%。以上调查结果显示，近年来 BIM 技术虽然在施工行业被提及的频率逐年升高，大部分的企业对其也有一定的认识，并且在项目中进行试点应用，但就应用现状情况看，大面积推广应用 BIM 技术的企业还不是很多，目前我国应用 BIM 技术的项目多数为较复杂或者投资额度较大的工程项目，其他普遍类型的项目应用很少，这一现状让 BIM 技术在造价管理工作中很难得到推广使用，我国造价管理中的 BIM 应用主要方面还是利用 3D 模型算量，并没有完全将 BIM 技术应用在工程项目的成本管理中。

综合本书前几章的分析以及国内建筑行业、BIM 技术发展现状，能够归纳概括出我国目前 BIM 技术应用于工程造价管理中的阻碍因素包括：技术方法、应用环境以及组织管理三个方面。

具体表现为以下几个方面：① BIM 技术标准缺失；②业主应用 BIM 技术意识淡薄；③工程造价管理流程制约；④软件信息不对称导致数据接口不统一；⑤缺乏“复合型”人才；⑥ BIM 软件共享性差；⑦施工方成本增加。对上述因素进行分析，便可以把以上各要素按照等级进行划分，可以更直观表达出各阻碍因素之间的关系，如图 4–1 所示：

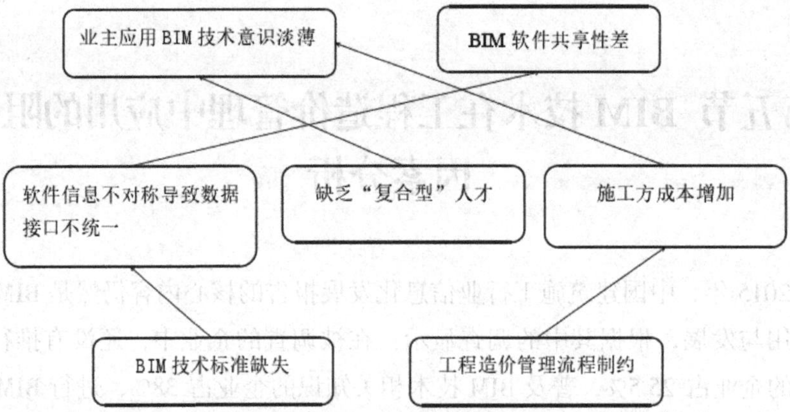

图4-1 影响因素层级划分

由以上解释结构模型以及层级划分，可以看出BIM技术在工程造价管理中的阻碍因素分为三个层级，第一层级因素即最直接的因素是业主应用BIM技术意识淡薄、BIM软件共享性差导致的项目各方协同问题；第二层级因素是软件信息不对称导致的数据接口不统一、“复合型”人才的缺乏以及由于应用BIM技术导致的施工方成本增加；第三层级因素也是最基础级因素是BIM技术标准的缺失以及工程造价管理工作流程的制约。

针对以上对BIM技术在工程造价管理中的应用起到阻碍作用的几方面因素进行分析。

（1）基础层级：在阻碍因素模型分析中第三层级因素是最基础层级的因素，要想让BIM技术在工程造价管理领域中得到更好的发展必须首先从这一层级中解决问题。首先我国应该尽早制定BIM技术在工程造价领域的相关技术标准，对工程造价管理中的工作分解结构进行标准的制定，BIM技术标准的缺失影响了BIM技术从3D到5D转化，因此，BIM技术被广泛应用在工程造价领域是基于一套合理完善的BIM技术标准体系的建立。

（2）第一、二层级：第一、二层级因素是建立在基础层级因素之上的，所以在基础层级因素解决的前提下，才能解决第一、二层级的阻碍因素。首先应该积极鼓励项目各参与方应用BIM技术，可以在利用BIM技术进行造价管理的项目上提供相关政策奖励；其次我国还应该完善软件的开发，实现数据接口的模式统一；最后国家需要培养大量“复合型”人才，这些高素质人才既要对工程造价管理知识熟悉，还应具有一定的计算机技术基础。

第六节 BIM 技术在工程造价管理中应用的建议与发展方向

一、BIM 技术在工程造价管理中的应用建议

由于 BIM 技术在国内工程造价管理方面的应用仍处于初期阶段，还存在着一定的不足与局限，造成该技术在工程造价管理的实践进程中发挥受阻，因此在未来的应用中，应扬长避短。

（一）政府加大对 BIM 技术的推广和扶持

BIM 技术在我国的应用程度，尚未达到一个完善健全的产业链。目前国内只有少数的大型工程建立了 BIM 工作室，将 BIM 技术运用到了实际工程的造价管理中，绝大多数的国内设计单位对 BIM 技术还处在摸索阶段。这也在一定程度上说明 BIM 技术的应用空间还很巨大，因此政府要加大对 BIM 的重视和政策的扶持力度，保证 BIM 技术在我国得到良性的推广和使用，这样才能推动 BIM 在我国建筑行业的发展和运行。

建议政府成立专门的 BIM 职能部门对 BIM 的项目进行技术指导，要奖励在 BIM 技术使用上卓有成效的企业。同时要鼓励国有企业或公益性的建设项目使用 BIM 技术，扩大 BIM 技术的推广度，让更多的企业有信心尝试 BIM 技术带来的成效，放大整个行业的新格局。

（二）建立和完善工程造价 BIM 人才培养机制

绝大多数建筑行业对 BIM 技术的运用还仅仅处于画效果图的状态，或者停留在三维空间结构模型阶段，并未建立起针对项目管理的指导意义。且缺乏可以使用 BIM 技术软件的专业人士，目前这类专业人士都聚焦在设计机构，建设与施工单位在 BIM 人才的吸收上基本处于空白水平，通过使用 BIM 软件

管理工程造价的专业人士更是寥寥无几。BIM 软件功能虽然强大，但缺乏驾驭它的主人，在这种人才不均衡的情况下，BIM 技术的优势无法完全显现出来。

建议设立专业的机构对 BIM 人才进行培养，同时要完善相关的制度法规进行监督管理。从增设高等院校相关专业 BIM 课程开始，到 BIM 软件的开发商指派人员来具有一定资质的相关企业组织 BIM 技术的培训、发行可以指导自学的相关教程等措施，形成相关专业、相关岗位的人才培养体系。为 BIM 技术在国内的广泛推广和长期发展奠定牢固的基础。

（三）降低软件研发成本

BIM 软件开发的成本高是业界认可的事实。BIM 软件的研发依赖于与工程相关专业的人才，需要各专业、各企业部门的通力合作。这些人才既要具备深厚的工程造价理论基础知识、丰富的实践经历，还要具备强大的编程与创新实力。BIM 软件并不能独立地发挥其强大的功能，它还要依靠完善的信息库以及相关软件的支持。而完善与健全一个优良的数据库、支持软件的全套研发需要一个长期的过程，短时间内是没办法完成的。

BIM 软件高额的研发成本，特别是性能更高级的 BIM 软件，售价都在几万到十几万，同时，适当的维护或必要的升级处理都会产生大额费用，这种实际问题对一个不经常做项目的建设单位或者一个规模较小的施工企业是很难接受的。这也是阻碍 BIM 技术在国内发展速度的一个重要原因。

为了普及 BIM 的应用，提以下三点建议：

（1）项目产品研发人员应带着较强的成本意识进行设计，即在产品的研发阶段要全面系统地进行统筹规划，对研发环境以及产品的可行性进行评估预测，要以有限的资源挑战更大的研发环境，使产品的研发设计具有一定的弹性空间，研发出性价比高的产品。

（2）在研发设计中分析并找出能提高产品价值的方案，在不牺牲满足客户应用需求功能的前提下，通过去除产品中不必要的功能，改善产品的设计，降低制造费用。

（3）通过技术引进、模仿创新、自主创新，把握创新核心的主动权，掌握核心技术的所有权。增强研发设计人员的设计经验，提高研发能力。同时，对自主创新的成果申请专利保护并取得相应的专利回报来降低研发成本。

（四）建立完善 BIM 在工程造价行业的规章制度

由于 BIM 技术在国内的发展还处于摸索阶段，因此一些相关的标准、规范和法律法规还没有根据自身的发展和需要完全建立起来。运用 BIM 进行工程造价管理时，如果出现问题或发生矛盾，没有相应的法律进行具体追责，所以很容易出现相互推诿的现象，无法保护受害者的合法权益。

建议政府部门要建立完善的法律法规，对 BIM 技术的研发和使用进行相应的规范和监督，这样才能保证 BIM 技术在行业有序地发展。政府可以组织有丰富经验的企业、相关的研发机构和专家，成立 BIM 组织联盟，制定出适宜 BIM 技术推广和应用的法律法规，以便规范和引导 BIM 技术在工程造价领域的推广和应用。制定的标准应当以行业软件应用需求为出发点。借鉴国外先进经验，结合国内实际情况，从上而下制定技术标准，从下至上制定实施规范，确保各行业间的统筹性和战略性，循序渐进地为整个建筑行业带来高效、节约的多重效益。

（五）统一工程造价行业的信息化数据传输方式

上面我们提到过，BIM 的技术优势就是它区别于传统工程造价管理的独有的协同工作和数据共享功能。BIM 的数据共享功能可以实现同一项目内不同人员或不同的建设项目之间直接完成造价数据信息的互换。现在国内的许多软件公司在进行着 BIM 软件的开发和推广，例如鲁班、广联达等公司。我们如果从技术和经济的角度对 BIM 软件观察和分析，发现不同公司的研发平台和开发软件时的执行标准不统一，这样就造成了我国在 BIM 研发上纷繁复杂的现象。且目前都还没有出现一款 BIM 软件能满足各企业当前使用的不同品牌类型 BIM 软件的兼容需求，不同类型的信息软件在信息的交流上和数据的传输上仍存在障碍。所以同一企业的不同部门在使用同一数据模型时，信息不能很好地协同共享，使得不同 BIM 软件之间进行信息交流和数据交换时不够流畅，给工作带来诸多不便。从而影响了行业纵向一体化、集成化的水平，大大降低了运用 BIM 技术时进行数据共享和协同工作的效率。我国的建筑工程造价行业的发展空间很大，因此完成一款成熟的 BIM 软件开发很有必要。

由于我国政府没有对建筑工程造价行业的相关数据信息传输进行统一的

规范，所以设计一款适用于建筑项目全寿命周期的数据传输标准的独立系统，是整个行业信息一体化需要尽快解决的问题。同时要从法律法规的角度规范和统一建筑业的信息传输方式。真正实现在全球的任何项目生命周期管理中信息互用共享的目标。

（六）建立统一的工程造价信息分类体系

每个 BIM 数据模型的建立都是由数以万计的构件要素进行归纳集中的结果，然而 BIM 模型在建立的时候，不同的造价机构或项目不同阶段的参与者对同一项目构件要素编码并不统一，假设我们已经解决了数据接口的问题，能够进行数据信息的共享，但传递过来的信息数据不能与模型设置的编码进行自动的识别，也会影响各部门之间的数据共享。比如对于同一材料而言，发现它的消耗指标的编码不统一时，我们就不能很好地进行这种数据的共享，尤其对于快速和大量调用有价值的参考数据会形成障碍。

建议在应用方面，学习外国的先进经验，例如美国已经建立了一套成熟的建筑信息分类体系，要想实现 BIM 环境下高效实用的造价信息数据的共享，就要规范和统一数据信息的编码，建立标准化信息分类体系，实现快速调用不同企业及部门间的数据共享。

二、BIM 在工程造价管理中的发展方向

工程造价是建设项目的核心，它的根本目标就是有效地使用专业知识和技术去筹划和控制资源、利润、成本和风险。

在 BIM 技术应用的发展过程中，国家政府也一直在多方面给予必要的支持。目前，该项技术的运用已经涉足我国大量基础建设项目的具体运营中，特别是在建筑行业，通过建立建筑三维模型数据信息库，在建设工程项目的整个生命周期，令参建各方都能够在视觉上直观地了解项目，明确地提出各自要达到的使用功能。提升了参建各方对资金使用的监督力度，也在一定程度上为工程项目节约了成本。

BIM 技术，不只是一种思维或科技的简单实践，它彻底打破了建设工程造价管理的横向、纵向信息共享与协同的壁垒，不断加强与其他各专业定期的交流和互通，把节省下来的人力投入更有价值的造价控制领域，如商务谈

判、工程招投标和合同管理中。推动工程造价管理走进了即时、灵活、精确的互联时代。

BIM 技术与互联网的紧密联系，有利于营造建筑市场公开监管的新风气、规范国内建筑施工的新秩序，有效地避免了工程招投标、采购等过程中可能出现的贪污腐败行为，加快了国内建筑行业从粗放型向集约型改革的速度，提高了建筑行业的生产效益；有利于精细化管理的实施、减少浪费、实现低碳建造，完全符合我国经济发展趋势。

2015 年 6 月，住建部颁发了《关于推进建筑信息模型应用的指导意见》，对 BIM 技术的应用目标做了明确的规定，即到 2020 年，要求建筑业的甲级设计单位、特级和一级的房屋开发商企业在日常的管理运营中，要实现管理系统与 BIM 技术的融合。同时在以国有资产投资建设的大中型项目中，以公益性为主的城市绿化建设中，BIM 技术的使用率要达到 90%, 为 BIM 的发展指明了方向。

在分析 BIM 技术对工程造价管理带来新变革的同时，时代的发展、社会的进步，让我们看到 BIM 的发展前景广阔，且正在逐步融入我们的生活，目前我们能够设想到的有：

（一）BIM+ 物联网

物联网是指通过各种信息设备，实时搜集所有需要被监控、连接、交流互通的物体信息，与互联网联合形成一个庞大的网络。以实现物与物、物与人、物与网络的连接，是虚拟与现实的融合。在建设智慧城市的驱动下，人们对办公及生活的智能化需求不断提高，而智能建筑物的结构、体系、管理较为复杂，设计智能建筑工程造价管理的模型对智能建筑的成本控制更为艰巨。BIM 技术和物联网的结合，可以提高工程造价预测的准确性和控制精度，从而达到降低工程成本、提高施工进度和质量的目的。

（二）BIM+GIS

目前 GIS 的技术在建筑行业的应用已经得到了业界的广泛认可，从技术层面来讲已经相当成熟。发挥了其空间智能技术与信息的重要作用。比如城市景观的规划设计模拟、建筑物周围环境的模拟等，都要用到 GIS 的技术。

但是人们在BIM和GIS技术融合上的探索还不多。

BIM信息在三维地理场景中的集成、可视化模拟与精细化分析的数据是GIS系统中地理数据库重要的数据来源，将BIM和GIS技术结合，可以细化GIS系统中的数据，为工程提供准确的成本信息。实现高效的工程造价管理。

随着我国城镇化的发展和智能终端设备的应用，作为智慧城市支撑技术之一的GIS技术，若能与BIM技术进行融合，必将推进我国智慧城市发展上升到一个新的高度。

（三）BIM+预制加工

预制加工是一种工业化程度比较高的制造模式，比如批量生产的模板、水泥板、管道等。它有助于提高我国基础工业的生产效率，降低建筑行业的成本。运用BIM技术，为我国建筑业的装配式发展模式提供了信息化发展空间，可以使建筑构件的设计和施工实现很好的对接。

预制加工技术和BIM技术是两种相辅相成的技术，当两者的技术相互融合加上数据信息的共享，可以设计出符合规格的预制加工构件，在钢筋、管道、模板的产业化制造上，BIM技术的应用将会越来越广泛，两者技术的融合可以对建筑行业起到巨大的推动作用。

（四）BIM+3D打印

3D打印技术是以数字模型文件为基础，通过远程数据传输、激光扫描、无须纸墨，运用粉末状金属或塑料等可粘合材料，通过装有材料的打印机分层加工、迭加成型的打印方式最终把电子模型图构造成实物。

目前，与建筑工程相关的工业厂房、异型建筑及别墅等建筑物已经可以成熟地通过3D打印技术来实现。

该技术有其独特的优势，首先就是材料的节约，几乎不存在损耗和浪费，且所用材料环保，提高能源使用效率的同时达到了绿色建筑标准；其次，打印一个小建筑物可以在数小时之内完成，大大降低了工程劳务成本、机械成本、工期成本和安全成本。

然而因其打印成型的零件精度大多不能满足工程的实际使用需求，且对打印高度有限制，又使其在实际应用中受阻。

通过前面对 BIM 特点及应用的了解，若能实现 BIM 模型与 3D 打印机接口协同，利用 BIM 技术对拟建物体构建模型，直接通过 3D 打印机输出建筑物，将是建设工程可持续发展的一大创举。

（五）BIM+VR

前面已阐述过施工安全管理的重要性，安全成本是工程项目的最大成本，不容小觑。因此在工程开工前，每个施工及管理人员都要经过安全体验式教育培训。目前国内一些大型建筑企业，利用 BIM+VR 技术建立了工程模拟体验馆，集安全教育、绿色施工为一体，通过虚拟体验，还原现场真实场景，身临其境地感受高空坠落、物体打击、脚手架倾斜等体验效果，使体验者安全意识得到提升，为降低工程安全成本提供保障。

现实生活中，我们已经亲身感受过 VR 对游乐场大型娱乐设施等模拟体验，期待未来 BIM+VR 的应用还可以在灾难应急模拟、人体急救及伤口处理、防盗防骗、资产管理等方面有所突破，进一步规范工程管理、提高管理水平。

第五章 基于BIM的建设项目工程造价风险研究

第一节 传统建设项目造价风险管理遇到的问题

在项目建设的过程中存在很多的风险，如今社会在飞速地发展，建设的规模越来越大，涉及的内容非常多，使得其存在各式各样的风险。这严重影响了国内建筑行业的快速发展。以往的建筑项目在管理风险时经常发生“三超”的情况，进而导致很大的损失，也极大地缩小了项目的全部投资价值。因此，使用传统模式进行风险管理达不到目前对项目风险管理的需求。本书整理出以前的建筑项目风险管理存在的问题：

一、以往造价管理系统存在的问题

（一）不能较好地共享信息

以往的造价管理信息系统，基本都是建设项目的一个阶段或一个目的，并且系统与系统间的数据格式不一样，所以各个专业之间不能很好地共享信息，没有发挥出信息的实际价值，每个阶段的信息不可以彼此利用和衔接，也无法规避和更改错误，进而无法实现项目造价管理的终极目标。

（二）大量信息的流失

以往在管理项目造价的过程中主要是按照建设项目的各个阶段来管理，各个阶段各个项目的参与者开启项目流程前没有进行有效的沟通，一个阶段的工作结束了，紧接着就开始下一个阶段，此时项目的参与者就换人了，经过这样的流转，建设项目的造价信息流失严重，进而降低了工作效率。

以往传递信息主要是通过纸质来完成，需要人工把信息输入相应的软件里面，尽管目前的造价管理系统能够通过电子文档来传送图纸信息，但由于各个项目间没有处理好数据的兼容问题，无法保证传递信息的效率，进而导致大量的信息都流失了。

（三）信息沟通方式不合理

以往造价管理沟通信息主要是通过邮政快递、纸质媒介、电话传真、电子邮件来完成，不但提升了成本，还有很多需要人工来完成，沟通信息时，人为产生很多失误，这给下个环节的造价管理带来了较大的难度。此外，由于项目在实施时需要有很多改动，使得信息沟通难度进一步加大。在设计时，会涉及结构、建筑、设备等很多专业，他们在进行设计时不可避免地产生矛盾，增加了图纸会审的困难，使得施工进程推迟了。此外，以往的信息沟通无法保证项目的所有参与者一块来沟通，进而解决工作中遇到的问题，项目开始前很多参与方没有接触过该项目，导致无法共享信息，进而影响了造价管理发展。

（四）信息传递延迟

产生信息传递延迟主要有以下两个方面原因：

（1）项目的各个参与者的办公地点不在一起，导致信息无法较快进行传送，假如要审查施工图，一定要组织协调会，需要协调好各个参与方的时间，进而定下开会时间，使得信息沟通非常的慢、效率较低，尽管网络技术得到了快速发展，但是各个信息管理系统间主要是点对点沟通，无法及时地接收和回复信息。

（2）各个参与者的内部结构不一样，要想回复信息必须经过多层审批，其中涉及政府主管部门审批的，就更为棘手了，需要耗费较多的时间和精力来完成。

（五）没有较好的信息集成

在创建、管理及共享造价管理信息时缺乏统一的平台，各个项目阶段的各个参与者都是通过专业软件获取信息，导致无法较好地使用其他阶段的数据信息，由于没有兼容好数据格式，没有集成。因为软件彼此间的信息不相关，往往都是信息已经被传送到下一个环节的人员时才意识到信息有问题。需要耗费较多的时间和精力来处理这些问题。当今主要使用CAD制图来进行设计，一旦设计要修改，基本都是通过人工来修改，不可避免地会产生很多问题；设计的变更增加了成本，影响了整个项目。由于各个阶段各个专业间没有较好地集成信息，耗费了较多的时间和精力来重复地输入信息，在这个过程中肯定会遇到很多问题，使得建设项目的造价信息无法保证一直都是正确的，如果要变更难度将会加大。

二、产生缺陷问题的原因

（一）项目纵向沟通模式

以往在全过程造价管理时，项目的参与者都是以层级组织结构层层地进行。该模式导致参与者在沟通信息的过程中无法及时来反馈，例如，组织协调会议时，一旦领导有事，就需要多次沟通协调，进而延误了信息，还会带来很多别的问题，不仅损害了自身利益，还极大地影响了各个参与者的积极性，使得项目无法平稳运行。

（二）项目过程是分裂的

在项目实施过程中，各个阶段的责任单位都不同，使得以往的造价管理主要是以阶段的形式来进行，出现该状况的主要原因是国内的发展情况导致的，而且非常普遍。当前的建设规模逐步扩大，因此，以往阶段分开的管理方式满足不了当前建设项目的需求。项目造价管理时所产生的信息必需能够很好地沟通交流，这就对造价管理提出了较高的要求。从系统论的视角来看，建设项目是从策划到重建的完整过程，各个阶段是彼此联系的，并没有割裂开来。所以从建设项目全寿命周期的视角来看，应该实行建设项目协同管理，对每个阶段都给予足够的重视，研究其对整个项目的影响，不单单只重视一个阶段，而要以项目的长远效益为出发点，确保建设项目稳定地运行，收到较好的效果。

（三）缺乏信息集成技术

以往的造价管理，各个阶段的信息没有很好地使用，不断流失信息数据，形成了多个信息孤岛。例如，在项目运行维护时期无法直接使用设计和施工时期的信息，导致项目资源浪费非常大，进而无法完成全寿命周期造价的管理目标。造成以上问题的主要原因是缺乏一种能够创立并管理信息的技术。当前的项目运行时用到的相关软件，每个软件只针对某一块，各个软件间缺乏统一的数据格式，缺乏统一的数据接口，导致各个软件之间无法共享和利用信息，也无法对信息进行集成。尽管当前个别造价管理信息系统有相应的管理平台可以使用相应的软件，但是各个软件间的接口和数据标准无法达到全寿命周期造价管理的信息集成的需求。缺乏集成造价管理信息的相关技术，进而产生了以上很多问题。

（四）无法完成协同工作

在项目建设过程中，信息管理也涉及项目投资决策到重建的全部流程。这期间的参与者来自不同的地方，导致他们的信息沟通效率比较低，各个阶段同一个专业或相同阶段的各个专业的彼此信息沟通存在较大的问题，所以会发生他们之间存在不能够及时沟通信息并且出现延误等状况。为了最大化地减少这种情况的发生，首先要构建一个协同工作平台，有助于信息管理。当前大多数的施工单位及设计院都结合自己实际情况构建了有助于信息沟通的局域网络，然而没有解决各个项目参与者的信息沟通，缺乏这方面的功能。全寿命周期造价管理主要是参与者从项目的初期就要深入项目中，决策及设计要求所有的参与者一起努力来解决，因此，缺乏良好的协同工作平台，不可能实现以上目的，以往的造价管理过程中，基本都是在施工阶段才发觉设计出现了问题，增加了成本并且延误了工期。

第二节　基于 BIM 技术建设项目各阶段工程造价风险管理分析

一、基于 BIM 技术的设计阶段工程造价风险管理应用分析

BIM 具有可视化的特点，它将图像和图形直观化，使建筑项目的各参与方能够根据设计意图和成果进行更好的协调沟通，这样能让设计人员更了解业主的需求，设计出符合业主要求的设计成果，并让审批方明确他们要审批的设计是否能满足要求。

在初步设计阶段，还要进行的一项主要工作就是设计分析。设计分析一般在初步设计开展之后，主要对能耗、结构、光照、安全疏散等方面分析来展示建筑项目在节能、安全、能否顺利实施等方面的特点优势。BIM 技术使设计分析更加精准、全面和快捷。

现在在很多工程项目中，常常在施工过程中发生很多的设计变更，据统计，80% 的设计变更都是因为在设计图纸过程中各种专业构件和设施之间的空间冲突造成的。运用 BIM 技术以后，这些问题就得到了有效的解决。BIM 技术主要通过两种方式来解决这些问题：一是通过协同设计，即在设计过程中利用专业协同工作来避免冲突问题的产生。另一种是通过碰撞检测，找到冲突点，提前发现并解决问题。

同时利用 BIM 技术在设计阶段可以大大降低造价风险，为今后工程更好地开展奠定了基础，这与传统模式相比，节省了时间，更加便利，并提高了准确性。如果利用传统的造价风险管理，经常会出现后一个步骤回到前一个步骤的反复过程。大多数的设计过程中，建筑师都会首先发现一些问题，通过设计工作将这些问题一一解决，然后建筑师很快又会发现有一些问题被遗漏了，这时建筑师就需要将前面的工作再进行重复、修改，这使得应用 CAD 绘图技术建筑师承受着大量的重复和修改工作，为了能在设计周期中按时完

成设计工作，建筑师会在较早的时间就不再对方案进行较大的改动。而BIM基于一个模型的自动更新理念可以有效地减少传统设计中由于图纸关联性差所造成的大量重复工作。同时BIM建模软件的自动生成标准化细部设计的功能可以有效减少制图时间。施工图绘制时间的缩短必然会带来设计过程的变化及设计工作量的重组。

二、基于BIM技术的招投标阶段工程造价风险管理应用分析

现在我国建设工程项目的招投标阶段，一般是根据的是工程量清单来计价。以往工程量清单都是造价人员人工计算编制，现在建设项目的规模越来越大，工程项目的信息越来越多，更容易发生漏项或缺项等错误现象，这就使建设项目的标底不能够正确反映工程价格。而且招投标过程普遍较短，依靠人工来计算工程量就很难转确。在招投标阶段运用BIM技术，能提高招投标阶段造价管理水平。在项目的招投标阶段，利用BIM技术可以准确、快速地计算出工程量清单，减少错算和漏项等情况的发生，以减少后期因工程量问题引发的纠纷。

招标方在发标时，可以将附加项目信息和BIM模型一起发布，各投标单位可以根据BIM模型明确工程的相关信息，获取准确的工程量清单，以便更好地制定投标的策略。

同时，利用BIM平台与互联网的协调性，能使外地的企业也能参加投标，这样增加竞争，能让更优秀的企业中标，不受地域限制，从而使工程项目的质量得到提升。而且，利用BIM技术，能使招投标管理部门更好地监管招投标过程，尽量避免招投标中出现腐败和舞弊现象，使招标工作能够顺利进行。

三、基于BIM技术的施工阶段工程造价风险管理应用分析

建设项目的资源消耗、成本形成主要发生在施工阶段，所以在施工阶段采取BIM技术控制造价尤为重要。利用BIM技术，方便有效合理地制定工程施工计划，使在施工中部分项目的变更方便快捷。同时，有利于工程进度款的结算和后续相关索赔工作。

过去，承包方根据合同的议定时间提交给发包方已经完成工程量的报告，

发包方需要大量时间及精力核实承包方的报告，还要同合同、招标文件里面的工程量清单详细比对，进而验证量的准确性，此外，还应该到现场核实已经完成工程的质量合不合格。承包方制定已经完成的工程报告过程中，还要耗费非常多的人力及时间来计算已经完成的工程，很难保证效率及准确性。同时，因为变更的发生，影响工期，增加成本，也因为数据对接难度大，不利于工程款的结算。

而利用BIM技术以后，以上这些问题都迎刃而解。在此阶段运用BIM技术，因为BIM的可视化特点，让各参与方更形象地了解项目情况，可以使图纸的会审效果得到改善；因为BIM技术的可模拟特点，能够让施工组织设计的计划模拟运行，从而找到不足，调整优化；在项目施工阶段，经常发生工程变更，运用BIM技术以后，根据其关联性，就不用再浪费大量的人工逐一更改因项目变更而发生的前后变化，避免影响使用进度，增加成本。因为BIM技术可以对时间、进度与BIM模型关联，将工程量逐一拆分，得到各部分的造价文件，方便工程款的结算。

四、基于BIM技术的竣工验收阶段工程造价风险管理应用分析

在工程的竣工验收阶段，工程造价控制的最后环节就是工程的预结算审核工作。在此阶段，由于施工方的虚报、多报或者错报，使结算超过施工图预算变成最常见的问题。对于造假人员而言，由于施工时间长，导致相关信息丢失、竣工资料不全，再加上工程变更等原因使核算工程量成为一项既艰巨又繁琐的任务。

利用BIM技术，能很好地改变以上状况，BIM技术可以将工程的相关资料全部储存在软件中，能收集储存完整的工程项目资料，通过BIM技术的协助，能更快地计算工程量，缩短结算时间。对于在施工阶段的工程变更、索赔、已支付的工程进度款等问题在BIM模型中都能完整地体现，这样利用模型就可以直接框图出价，避免双方发生纠纷，提高工作效率，节约双方成本。

第三节 BIM 技术对造价风险管理的影响

一、基于 BIM 基础上的工程造价风险管理的应用前景

使用 BIM 技术进行全寿命周期造价管理能够促进建筑行业快速发展，满足国内建筑行业的要求，可以说 BIM 技术是未来国内进行造价管理的最重要的方式。建设项目要实现管理信息化必须尽早构建用于全寿命周期造价的管理信息系统，进而保证造价管理工作能够平稳开展。BIM 是进行全寿命周期造价管理的大前提，对信息系统来说是最关键的，发挥出 BIM 的优势，能够达到各种使用者的独特要求，从纵向上将各个阶段连接起来，横向上将各个参与者集成起来，进而实现系统和软件的集成，这是今后进行全寿命周期造价管理的主要工作。

目前我国造价软件发展比较成熟，最主要的三大计价软件，广联达、鲁班和华斯维尔，都在开始对于 BIM 的研究，在将来必定会更加结合 BIM 技术，从而更加适合这个项目全过程的造价管理，达到数据共享透明、项目统一协调、信息职能化的效果。

工程造价风险精细化管理主要是企业参照"精、准、细、严"的原则，在项目的每一个阶段都用到工程造价管理，提升工程成本造价的每一时期的管理水平。在每个时期针对组织和人力、技术和经济、定额和合同等特征，对资源加以优化，将全寿命周期成本控制在最低水平，将"三超"情况扼杀在摇篮里。然而在目前情况下要实现精细化管理还是比较困难的。例如，事前预测没有足够的准确性、比较慢的信息处理速度、参与者的数据经常发生改变、每个时期的信息传递容易出错。

采用 BIM 技术之后，BIM 信息表达直观高效，建设单位能够通过 BIM 模型很容易地把项目的预期展现给设计单位，这样就会极大减少项目实际施工时出现的设计更改状况的发生，进而控制住建设单位的成本风险。同时，由

于BIM模型是可视的，有助于更便捷地进行计价核算。由于3D空间设计、建筑漫游和不同属性构建表现形式不同等特点，因此，能够非常直观地展现造价审核。使用BIM模型能够找到缺少或者存在不合理的构件，如果发现不合理的构件，应该立即删除，同时增加需要的构件，能够将缺项、漏项以及重项的风险控制下来。从而提高前期预测准确性，减少工程变更。

BIM的信息计算非常快速准确。BIM模型中的计算功能主要包括收存以及计算两种。

（1）BIM模型里面的每个构件都涉及很多信息，通过BIM模型能够将全部的定额信息以及市场价格保存下来，能够把以往相近的工程数据通过导入或者手动录入的方式输入BIM模型里面，将已经存在的成本计划及市场价格保存下来，最终把工程的计算结果录入BIM模型里面。

（2）能够随时修改BIM模型中每个构件的信息，进而动态更新工程信息。虽然多方协作情况下产生的数据需要频繁更新，但是没有改动以往的有效数据，要想修改参与方的数据，必须经过参与方的同意才可以进行操作。所以BIM模型可以将工程项目决策到竣工整个流程的所有数据信息保存下来，此外，还涉及每个构件每个时间段的价格，这样就会使施工过程中的价格变动非常透明，便于业主方对施工状况加以监督控制。从而解决了信息处理速度迟缓的问题。

BIM的信息共享有助于沟通。以往进行造价管理时，设计时就应该汇总建筑、结构、专业以及节能设计多家单位的数据资料，经过相应协调才能够获得有用的建筑信息。使用BIM模型以前，因为各个设计单位使用不一样的设计软件，尤其对于涉及自己的利益的信息严格保密，使得他们进行信息沟通基本以2D图纸方式来完成，降低了信息的共享程度，并且信息沟通速度非常慢，信息通道非常长而且复杂。使用BIM模型之后，通过相同的平台建立BIM，使用相同的标准表达建筑物的体系以及组成要素，进而能够提供非常健全的信息共享平台。相同平台集成的模型能够在所有的参与者间彼此协调作业，实现实时有效的沟通合作，能够规避模型构建冲突。在这个大前提下，设计单位就可以通过远程来协调设计，能够规避重复地修改设计方案，进而降低造价成本，而且能够最大程度地减少由于设计文件出现问题带来的后期工程设计变动的风险。在项目施工之前，良好的信息共享能够更好地预估项目的实施状况。在施工时期，没有可预见性，这使得建设单位没有办法控制施工过程的成本。使用 BIM 模型，能够及时地记录施工进度以及现场状况，将工程的实施情况动态更新，有助于建设单位控制施工过程成本。把施工过程中发生的变更以及签证等状况及时地记录下来，有助于业主通过清单计价模式来进行精细化管理，严格把控承包单位的施工情况。如果存在设计更改，建设单位能够通过远程向设计单位求助，及时地解决实际问题，有利于将由于设计改变产生的损失降到最低。同时建设单位能够使用 BIM 模型及时地将数据进行更新。

BIM 传递的信息是客观的、准确的。每个建筑工程都有着较长的寿命周期，全过程每个阶段有着不一样的工作主体，他们使用的软件不一样，分别保存各自的数据信息，他们之间的沟通还面临很大的问题，因此，在信息传递的过程中各个阶段都会存在信息的流失。但是，通过 BIM 模型可以将项目信息整合到相同的数据模型里面，这样就极大地减少了数据转换不方便、版本不一样以及数据库资料不完整等问题。

BIM 技术融合了每个阶段的信息后，使各个阶段的数据信息，可以较快完整地传输，把建设单位的目的、设计单位的设计方案、施工单位的实际运行状况，非常完整地传输到下游，使得决策、设计、施工、竣工和后期运营各个阶段衔接好。所以，与以往的模式相比，BIM 模型能够极大地减少信息流失。

二、BIM 技术在工程造价风险管理中的应用问题

（一）BIM 技术的应用问题

国内使用 BIM 技术的起步较晚，还有一些误解，还需要加深认知。大家一时很难改变传统的思维模式，会抵触新技术，不重视共享数据信息。我国市场没有国产化的技术产品，并且国外的技术产品很难进行本土化，加大了推广该技术的困难。同时我国对 BIM 技术研究起步较晚，没有足够的标准化对象库，构建模型没有足够数据源。所以，我国没有较好的技术环境来推广 BIM 技术。

如今，从技术层面来看，应用BIM技术还存在较大的难题。由于BIM软件缺乏完善的建模功能，和以往的数据不太兼容，进而增加了设计人员的工作量，缺乏完善模型的准确度检测方法，使得设计存在偏差，进而提高了施工风险，此外，还需要逐步完善开放性的信息共享平台。

（二）很难进行BIM操作和推广

在技术方面，由于没有足够的学习资源，缺乏软件熟练操作者及专家，没有足够的实践经验和学术交流，没有详细的培训课程，行业主管及政策部门没有公布相应的标准，设计人员很难短期内就能够使用该软件并且加以推广。此外，由于没有构建完备的工作流程，增加了设计人员的工作量，并且项目参与者不太适应这种协同工作模式，参与方不全会操作该软件，极大地提升了推广该技术的难度。

（三）BIM经济成本非常高

根据上文的阐述，使用BIM技术进行操作有很多问题，而且还需要很多培训费用，此外，邀请BIM专家进行技术咨询需要很多费用，这大大提升了设计费用。因为BIM技术软件属于综合性的信息共享平台，需要很多软件来支持，这大大提高了大家购买BIM的成本。此外，对BIM进行硬件升级也需要成本。这样看来，短期内应用BIM技术并不会产生显著的经济收益。

三、基于BIM技术的造价风险管理的优点

如今建设项目的规模越来越大，越来越复杂，大大增加了项目的全寿命周期风险，而且要求更严格的风险管理，对行业的发展产生了较大的影响。如今制造业信息化得到了飞速发展，很多先进的信息技术逐步应用到制造业中，都收到了很好的效果。在此基础上，大家逐步摸索出加速建筑工程领域信息化发展的路径，解决了限制建筑业发展的问题。总之，BIM技术能够解决今后风险管理面临的所有问题，通过对BIM技术的深入分析，得总结出使用BIM技术主要有以下几个方面的优点：

（一）提升了风险管理效率

要想解决以往建设项目风险管理方式存在的问题，最好的办法是加强时

效性，通过BIM的技术，恰好能够解决时效性问题。BIM建模之后具备健全的数据信息仓库，有以下几点优势：①能够提供决策以客观、准确、全面的数据信息；②有助于项目管理人员快速准确地找到想要的风险管理信息，进而能够很快找到风险隐患，尽早做出相应的风险应对措施；③提升风险管理的实时化和信息化，提升管理的效率。

（二）加大专业人员间的协同

由于建筑业在运行时是不条理的，使得建筑业实施过程中基本会被细分成很多个阶段，这其中涉及很多参与方，但是这些参与方基本都没有法律上的联系。因此，要想约束他们的行为需要通过合同来实现，如果没有合同的约束，参与方彼此的行为不需要承担责任，在项目施工过程中，参与方之间没有有效的信息沟通，使得风险管理过程出现了脱节，降低了建筑项目全寿命周期的风险管理的质量。使用BIM技术，主要体现了团队观念，便于信息及时交流。而且借助可视化模拟这个优点便于参与方之间进行沟通，同时可视化使项目呈现更加形象便于理解，可以规避以往模式下参与方之间理解出现偏差导致信息流失的风险，加强了各个参与方之间的合作，进而提高了全寿命周期风险管理质量。

（三）可视化模拟和管理

BIM集成了工程建设项目的全部数据信息，BIM能够提供和建设过程有关的既定信息，而且能够提供和建设过程有关的变动数据信息，例如项目进度、施工质量、施工成本以及已经完成的工程量等，能够使工程建设变得可视化，便于管理，进而使得项目全寿命周期风险管理更加科学、更加精细。

（四）BIM技术全过程造价风险管理的技术要点

工程量计算准确度：引入BIM技术后，基造价人员仅仅根据当地的工程量计算准则，使用BIM软件调整扣减计算准则，BIM系统就可以自行地算出构件扣减，能够非常准确、非常快地算出工程量信息。使用BIM中自动化算量方法能够节省造价专业人员繁重的计算量，极大地提高了工作效率，同时可以使工程量计算摆脱人为失误因素。

资源计划管理：使用BIM三维模型，将时间和成本两个维度加进来构建出 SD 建筑模型，可以进行动态的实时监控，能够比较合理地调度资金、安排人员、分配材料及机械设备等。使用 SD 模型，可以掌握各个时间段每个项目的工作量，并且核算这个时间段的造价，能够非常准确地做出派工及资金计划，为精细化造价管理打下良好的基础。

设计变更及索赔管理：使用 BIM 技术，能够在模型中关联设计变更的信息。一旦出现了更改，仅仅对模型做一点调整，该软件就能够自动地汇总出工程量的变更情况，快而准。使用 5D 模型，还能够导出由于变更产生成本变动的情况表，让设计人员意识到设计方案变动如何影响成本。

多算对比：以前仅仅关注两头价格（即合同价和结算价），而 BIM 技术打破了以往的模式。使用 BIM 模型，每个构件都包含参数化信息，例如项目进度、物料、地点、工时消耗及安排等，我们能够随意地组合每个构件的信息，这样能够为多算对比提供较大的帮助。

全过程造价管理中使用 BIM 技术，不单单是简单使用该技术或者理念。非常重要的一点是，BLM（以 BIM 技术为基础）解决了建设工程造价管理的横向、纵向信息共享和协同问题，使得工程造价管理能够更加的实时、动态、客观、准确。通过 BIM 技术，大大提升了工程项目所有参与者控制成本的水平，极大地节省了成本。将 BIM 技术同网络连接，能够使建筑市场更加的透明，促进国内建筑业行为更加规范，可以避免在招投标和采购中出现贪污腐败问题。此外，BIM 技术使得国内建筑业从粗放型过渡到集约型，能够提升建筑业工作效率，大大提升建筑业的集中度。便于实施精细化管理、控制损耗浪费、促进低碳建造，满足我国当前的经济形势。

第四节 基于 BIM 的建设工程造价风险管理的对策

通过上文的阐述，我们知道使用 BIM 技术对我国建设领域的全过程造价管理有着非常大的作用，市场前景非常广阔，今后依然是研究的重点。结合目前国内使用 BIM 技术遇到的问题，提出以下几点针对性的策略：

一、转变思维模式

设计人员必须要转变思维模式，从 2D 到 3D，他们要逐步适应，全球的建筑行业都一样。尤其是很多老员工已经养成了平面的思维模式，要想适应 BIM 的 3D 思维模式，必须要通过学习来实现。BIM 的 3D 设计主要是在 3D 空间进行建模，分析 3D 模型过程中，必须能够理解掌握。如果掌握了 BIM 技术，抵触心理自然而然就没有了。

二、加强研发国产 BIM 技术产品

当前国内的建筑市场，只有几种 BIM 技术软件，还没有国产 BIM 技术软件。BIM 项目中涉及的技术产品均是国外的。国外的 BIM 技术产品不仅使用不方便，还不能满足国内的建筑行业标准。所以要想实现 BIM 技术本土化，一定要加强研发国产的 BIM 技术产品。如今这一块刚刚起步，“十一五”国家重点科技攻关计划里面已经把《建筑业信息化关键技术研究与应用》课题列进来了，是今后研究的重点。

三、政府加强推广 BIM，制定行业 BIM 标准

我们根据国外的 BIM 推广实践，能够发现政府对 BIM 技术的应用及推广起着关键性的作用，因此，政府应该把握好目前建筑业的发展态势，和相关科研机构以及高校合作，一起制定出满足国内实际情况的 BIM 标准，通过在相应的大型项目中使用 BIM，找出存在的问题，并且不断地改进和完善 BIM 标准，对 BIM 进行强制性的推广，这样能够得到建筑业对 BIM 的重视，加强

对BIM的应用意识，进而通过BIM技术带动国内建筑行业的快速发展。

四、增加BIM技术的研究力量

虽然当前我国很多研究所、设计院、个人已经着手研究BIM技术，但是他们的研究力量毕竟很弱，依然处于刚刚起步的阶段。在这个过程中，政府应该起到导向的作用，而且应该提供研究所、个人相应的资金扶持，促使他们对外合作和交流。此外，政府还可以进行相应的科研奖励并且大力宣扬好的研究成果，提倡成果产业化。尤其鼓励企业去研究实施BIM项目，这样能够得到非常宝贵的经验和成果。

五、提倡“政府支持＋业主倡导”的BIM应用模式

政府在制定了BIM准则以及实施标准之后，项目的BIM具体实施就需要业主来完成了。BIM的推广采用“政府支持＋业主倡导”的模式，业主带头推广BIM技术，在工程施工过程中，业主及造价管理人员使用BIM对造价进行动态的管理，这样能够很好地应用BIM，进而确保工程全过程造价管理顺利进行。

六、改善BIM技术及软件，促进BIM技术及软件的本土化

全过程造价管理中使用BIM技术，必须要把BIM、造价管理、项目管理等相关软件结合到一块，这样才能够实现以BIM为基础的信息共享平台，所以BIM软件和国内别的软件进行连接需要尽快解决。各个大软件制造商需要把BIM软件进行本土化，因为当BIM的几个软件彼此互联、数据共享时，才能够实现相应的目的，进而实现BIM的全过程造价管理。此外，BIM软件同国内现存的造价软件必须要统一，尽管今后有可能不需要使用造价软件只使用BIM软件就可以了，但是当前的造价软件过渡到BIM软件还需要很长的时间，所以使用BIM软件前，设计部门必须同软件供应商及造价部门沟通好。

七、加强基于BIM的造价管理能力的专业人才的培养

如今，BIM的应用越来越广泛，作用越来越大，建设工程项目的所有参与方必须给予BIM技术足够的重视，进而开发及利用BIM技术，培训专业人

员操作 BIM 软件和技术，提升他们的造价管理能力。使用 BIM 来进行全过程造价管理，应该设立多方参与的 BIM 造价管理工作小组，所以所有的参与方一定要有熟练操作 BIM 技术还懂得造价管理的人才，这样能够实现信息交流平台，进而制定出相应的造价管理对策，有助于提升全过程造价管理水平。

八、探索 IPD 模式的应用，制定并完善 BIM 实施法律制度

制定了 BIM 标准的实施准则以后，建设行政机构以及行业协会需要摸索出 BIM 的实施模式（IPD），IPD 重视风险共担、合作共赢、利益共享，经过长时间的研究、探索和实践以后，能够同目前国内的建筑业市场结合好，将其作用完全发挥出来。此外，还应该尽早研究 BIM 实施的相关法律，颁布相关的法律法规和行业准则，并且在实际运行过程中不断地修改和完善。在 BIM 平台上，所有的参与方都应该各负其责，绝不允许互不关心、互相推诿的情况发生，在 BIM 模式下，参与方的职责必须通过合同的方式落实下来。

九、完善工作方式与组织架构研究

全过程造价管理中使用 BIM 技术，肯定会影响到造价管理的组织架构及工作方式，工作方式由“点对点”过渡为“点对面”，组织架构也由以往的造价咨询单位为主、各个参与方为辅过渡为由业主为主、全部参与方共同参与的模式。但是，结合我国的实际国情和建设工程的市场环境，工作方式及组织架构是可以变化的，不能简单把该工作方式及组织架构硬搬到建设工程中，这就需要大家的共同努力，不断完善，研究出合适的工作方式及组织架构，只有这样才能确保以 BIM 为基础的建设工程全过程造价管理顺利进行。

十、建立基于 BIM 技术的工作流程

当前国内的建筑业还没有构建出本土化的 BIM 技术的工作流程。没有完善的工作流程，容易导致工序混乱，很可能出现返工等情况。政府及企业必须尽早制定出相应的 BIM 标准及指南，构建 BIM 的工作流程架构，这样便于项目的参与方进行借鉴，能够极大地节省各个参与者的时间及资金，进而提升工作效率。

十一、解决经济费用问题

在BIM项目的实际运行中，3D技术同2D技术会有交叉重复，进而提高了设计费用。并且培训BIM技术人员、采购升级软（硬件）、聘请BIM专家等都会产生很多费用，进而增加了建筑工程的项目费用。但是BIM项目中，所有的参与方都能从BIM技术中获益，因此，在使用BIM技术过程中发生的费用需要全部的参与方一起分摊。政府或者企业在制定BIM标准过程中，应该标明设计费的定价及分担情况，这样能够使BIM项目的所有参与方知悉如何分摊费用。

第六章 工程造价管理技术的应用

第一节 工程造价管理信息技术应用概述

一、工程造价管理信息系统

工程造价信息系统（Construction Cost Information System，CCIS）是管理信息系统（Management Information System，MIS）在工程造价管理方面的具体应用。它是由人和计算机组成的，能对工程造价管理的有关信息进行较全面的收集、传输、加工、维护和使用的系统。它通过积累和分析工程造价管理资料，能有效利用过去的数据来预测未来造价变化和发展的趋势，以期达到对工程造价合理确定与有效控制的目的。

随着工程造价信息与计算机网络的发展，建筑业各利益相关者应着重考虑建立下列几个信息系统，以便为工程造价管理服务。

（一）要素市场价格信息系统

工程造价信息中，影响工程造价的要素包括人工、工程材料以及工程机械等，要素市场价格是影响建设工程投资的关键因素，要素市场价格是由市场形成的。

（二）工程技术专家信息系统

工程造价人员应收集典型工程技术专家信息，该信息采用最先进的专家技术反映某工程项目的资源最低消耗，得出最有竞争的最低成本价。

（三）政府法规性文件信息系统

工程造价有“量”有“价”，这种“量”应符合法律法规且具有一定质量、安全等要求。因此工程造价与建设工程要求的质量、安全、环保、福利等有关，受国家政府关于质量、安全、环保、福利等法律法规规范的影响。目前，我国计价采用定额计价模式和清单计价模式，包括影响工程造价的费用组成、当地取费文件、税费规定、建设工程规范及价款结算等文件。

（四）建设行业造价资料信息系统

投标人应关注政府、行业、协会发布的社会行业平均指数，收集典型工程的造价资料，与本企业的工程造价资料进行对比分析，找出不足，只有使自身有所提高，才会在再投标中处于有利的地位。

（五）企业成本控制信息系统

建筑企业要对历史工程进行收集、整理，对于那些投标未中的报价也要注意整理。只有这样才能不断提高市场竞争力。

二、工程造价管理信息技术应用的发展及现状

在国内，对工程造价管理信息系统的研究工作，始于20世纪80年代后期，各地工程造价管理机构都进行了大量的资料收集工作，并对数据库的建立进行了分析，但对工程造价信息的存储体系和分析体系的研究没有实质性的进展。2003年10月，为提高建筑业细化技术的应用水平，建设部制定了《2004—2010年全国建筑业信息化发展规划纲要》，强调应建立中国建筑业数据库，如建立建筑材料与设备信息库，工程造价信息库，施工工法信息库，建筑新技术、新工艺、新产品信息库等信息资源数据库，建立相应网站，开展网上信息服务与工程招投标业务等。

随着信息技术的快速发展和建筑行业的推广发展，我国信息技术在工程造价管理方面的应用，主要表现为人们在制定定额、编制标底、投标报价、造价控制等方面已经摆脱了手工劳动，实现了电子化、信息化管理，各类工程造价管理相关软件的广泛应用就是最好的说明。进入21世纪，互联网技术不断发展，我国出现了大批为工程造价及相关管理活动提供信息和服务的网

站。这些网站不同程度地提供了政策法规、理论文章，有些涉及项目信息、造价指标和材料价格信息等，它们对进一步建设全国规模的工程造价管理专项系统进行了有益的尝试，并取得了一些经验。但从另一个方面来讲，这些网站没有统一的规划，有些提供的信息不够严谨，内容更新不及时，从专业角度来讲，还属于比较浅层的信息服务，难以满足深层次造价管理工作的需要。

我国造价管理体制是在计划经济模式下、以定额管理为基础建立起来的，而且信息技术起步较晚，工程造价管理领域完全进入市场经济运行体制较迟，这样在一定程度上影响了信息技术在工程造价管理中的应用。现在主要存在以下五方面的问题：第一，信息采集没有统一标准、缺乏时效性，信息得不到充分有效的应用；第二，软件开发重复、功能单一且智能化程度低，各软件之间相互独立，无法共享；第三，互联网技术运用不熟练，没有统一的工程造价管理系统；第四，多种计价方式并存；第五，管理模式不统一，不能实现工程造价全过程管理。上述问题制约了我国工程造价管理的发展步伐，然而信息技术的进步为解决这些问题带来了历史性的机遇。

三、工程量清单计价模式下的工程造价管理信息系统和网络应用

工程造价管理改革的趋向是通过市场机制进行资源配置和生产力布局的，而价格机制是市场机制的核心，价格形成机制的改革又是价格改革的中心，由于工程量清单计价提供的是计价规则、计价办法以及定额消耗量，摆脱了定额标准价格的概念，真正实现了量价分离、企业自主报价、通过市场有序竞争来形成工程价格的模式。工程量清单报价按相同的工程量和统一的计量规则进行，由企业根据自身情况报出综合单价，价格高低完全由企业自己确定，充分体现了企业的实力，同时也真正体现出公开、公平、公正的特点。工程量清单投标报价，可以充分发挥企业的能动性，企业利用自身的特点，使企业在投标中处于优势的位置。同时工程量清单报价体现了企业技术管理水平等综合实力，也促进企业在施工中加强管理、鼓励创新、从技术中要效率、从管理中要利润，在激烈的市场竞争中不断发展和壮大。企业的经营管理水

平提高，可以降低管理费；自有的机械设备齐全，可减少报价中的机械租赁费用；对未来要素价格发展趋势预测准确，可以减少承包风险，增强竞争力，其结果是促进了优质企业做大做强，使无资金、无技术、无管理的小企业、包工头退出市场，实现了优胜劣汰，从而形成管理规范、竞争有序的建筑市场秩序。

加强信息管理，建立建筑产品价格形成机制。综合单价的确定需要进行详细、大量的人工、材料、机械市场行情调查，为此施工企业应迅速建立起自己的价格数据库，了解国家宏观调控的政策、国家发展计划，重视历史经验数据的积累和分析，收集、整理建筑工程信息，从而预测各种资源价格变化趋势，对预期价格做出正确判断；政府相关部门以及行业协会也应自觉为企业提供服务，建立工程造价信息服务体系，及时测算、发布建设工程造价信息、材料市场价格和物价指数，引导市场的计价与定价，从而为最终实现“四化”即工程量计算规则统一化、工程量计算方法标准化、工程造价的确定市场化、资源管理信息化打下良好基础。

从我国国情出发，要以满足工程造价管理的实际需要为基础，以网络为载体，逐步建立起纵向贯穿每个过程和层面、横向连接各个平台的工程造价管理信息系统。从适应网络评标的角度来看，工程造价信息系统的建设包括三个层次，即工程造价管理行业信息库、工程项目管理资源库和施工企业内部信息库。建立工程造价管理信息库系统是开展网络评标的基础条件，网络评标系统主要通过两方面实现评标流程和信息库系统的整合，一方面是计算机对已导入数据的综合处理，另一方面是网络信息资源的有效应用。工程量清单条件下，网络招投标和评标流程中，由开始至结束，每项工作均需以网络信息库资源为支撑，其中资格预审、企业编制投标书和计算机辅助评标等三项工作，不借助网络信息库资源就无法正常进行。

第二节 工程造价管理软件介绍

随着《建设工程工程量清单计价规范》的颁布实施，市场上出现了许多版本的应用软件，应用这些软件可以将繁琐的工作简单化，大大节省工程计价的编制时间。下面以广联达软件技术公司推出的“广联达建设工程招投标整体解决方案”软件为例，介绍一下计算机编制工程量清单及其报价的过程。它以《建设工程工程量清单计价规范》和《中华人民共和国招标投标法》为依据，是围绕项目招投标，实现“计量、询价、计价、招/投标文件编制、自动评标和招投标信息发布、数据积累和企业定额编制”等功能的一体化智能解决方案。另外，简单介绍了两类招投标和合同管理软件。

对于招标人：招标人在招投标阶段进行工程项目招标需要满足国标清单计价规范和清标、评标的要求，提供统一格式的电子标书和电子标底实现造价管理、工程电子招投标和信息数据积累分析，从而快速、便捷地完成招标一系列工作，并提高企业的工作效率。为招标方用户提供从计量到计价、招标到评（清）标、信息积累到信息分析的系列软件产品，包括工程量计算软件、计价软件、评标软件、工程造价指标分析系统，帮助招标方完成计量、计价、评标、指标数据分析全过程的造价业务管理，并通过无缝数据联接的方式保证业务数据在各个业务环节都能正常流动，达到业务、信息、软件产品各个方面的共享应用。

对投标人：投标人在招投标阶段进行工程项目投标需要同时完成工程项目的统一报价和材料统一调价，生成满足招标方要求的统一格式的电子投标书，快速响应招标文件以获取中标资格。为投标方提供专业的投标管理软件产品，帮助投标方用户安全投标和高效投标，使得投标方在接受电子招标文件之后，快速利用软件产品完成工程量计算、工程计价、投标报价的系列工作。

一、图形算量软件（GCL2008）

广联达图形算量软件基于各地计算规则与全统清单计算规则，采用建模方式，整体考虑各类构件之间的相互关系，以直接输入为补充，软件主要解决工程造价人员在招投标过程中的算量、过程提量、结算阶段构件工程量计算的业务问题，不仅将使用者从繁杂的手工算量工作中解放出来，还能在很大程度上提高算量工作效率和精度。只需画出梁的平面布置图，软件即可很快算出梁的混凝土、模板、脚手架等工程量。

图形算量软件的优点如下。

（1）工程量表专业、简单。软件设置了工程量表，回归算量的业务本质，帮助工程量计算人员理清算量思路，完整算量。选择或定义各类构件的工程量表—自动套用做法—计算汇总出量，三步完成算量过程。软件提供了完善的工程量表和做法库，并可按照需要进行灵活编辑，不同工程之间可以直接调用，一次积累，多次使用。

（2）精确算量。软件内置各地计算规则，可按照规则自动计算工程量；也可以按照工程需要自由调整计算规则按需计算；GCL2008 采用广联达自主研发的三维精确计算方法，当规则要求按实计算工程量时，可以三维精确扣减按实计算，各类构件就能得到精确的计算结果。

（3）简化界面，流程规范。界面图标可自由选择纯图标模式或图标结合汉字模式，同时功能操作的每一步都有相应的文字提示，并且从定义构件属性到构件绘制，流程一致。既保障了操作流程规范清晰又降低了学习记忆成本。

（4）三维处理，直观实用。GCL2008 采用自主研发的三维编辑技术建模处理构件，不仅可以在三维模式下绘制构件、查看构件，还可以在三维中随时进行构件编辑，包括构件图元属性信息，还有图元的平面布局和标高位置，真正实现了所得即所见，所见即能改。

（5）报表清晰，内容丰富。GCL2008 中配置了三类报表，每类报表按汇总层次进行逐级细分来统计工程量。其中指标汇总分析系列报表将当前工程的结果进行了汇总分析，从单方混凝土指标表，再到工程综合指标表，工作人员可以看到本工程的主要指标，并可根据经验迅速分析当前工程的各项主要指标是否合理，从而判断工程量计算结果是否准确。

二、钢筋抽样软件（GGLI0.0）

广联达钢筋抽样软件 GGLI0.0 基于国家规范和平法标准图集，采用建模方式，整体考虑构件之间的扣减关系，辅助以表格输入，钢筋软件内置规则极大地方便了用户，建模的方式自动考虑了构件之间的关联关系，使用者只需要完成绘图即可，软件多样化的统计方式和丰富的报表，可以满足使用者在不同阶段的需求。钢筋抽样软件还可以帮助人们学习和应用平法，降低了钢筋算量的难度，大大提高钢筋算量的工作效率。

（1）规则内置，专业全面。软件内置了结构设计规范、施工验收规范、平法系列图集，降低了钢筋算量的专业门槛，降低了学习的难度，使钢筋量的计算变得轻松、高效。

（2）规则开放，调整灵活。针对平法设计与传统设计模式并存的行业现状，软件开放了计算规则，可以灵活调整各类构件对钢筋的算法的不同要求，从而计算出能够全面处理结构的钢筋工程量。

（3）画图算量，一次翻图。通过画图算钢筋，可以分构件采用“地毯式”算量的方法，一次性把每一张图纸要计算的量全部录入，构件之间的关系和层之间的关系由软件根据位置自动处理，简单、省时、省事。

（4）结果明了，依据清晰。软件提供了每根钢筋的计算公式及计算式的描述，清楚每一根钢筋的计算过程。各类构件的算法可以追溯到图集的每一页，并详细地讲述了节点中钢筋长度的算法，从而保证了在对量的过程中有据可依，占据优势。

（5）CAD 识别。钢筋软件不仅可以识别 CAD 电子文件中的结构构件，而且可以识别梁、柱的平法标注信息，可以识别板的钢筋信息，大大降低了信息录入的工作量，灵活、高效、方便。

（6）图形算量、钢筋算量一体化。实现了图形算量和钢筋抽样的互导，只需要画一次图，就可以满足建筑实体量和钢筋算量的要求，达到了少画图多算量的目的，工作效率得以数倍提高。

三、清单计价软件（GBQ4.0）

GB04.0是融招标管理、投标管理、计价于一体的全新计价软件，作为工程造价管理的核心产品，GBQ4.0以工程量清单计价为基础，并全面支持电子招投标应用，帮助工程造价单位和个人提高工作效率，实现招投标业务的一体化解决，使计价更高效、招标更快捷、投标更安全。并成功应用于奥运鸟巢、水立方、国家大剧院等典型工程。

（1）招标管理。可进行项目的三级管理，可全面处理一个工程项目的所有专业工程数据，可自由地导入、导出专业工程方便多人工程数据合并，使工程数据的管理更加方便和安全。项目报表打印：可一次性全部打印工程项目的所有数据报表，并可方便地设置所有专业工程的报表格式。清单变更管理：可对项目进行版本管理，自动记录对比不同版本之间的变更情况，自动输出变更结果。项目统一调价：同一项目自动汇总合并所有专业工程的人材机价格和数量，修改价格后，自动重新计算工程总造价，调价方便、直观、快捷。招标清单检查：通过检查招标清单可能存在的漏项、错项、不完整项，帮助用户检查清单编制的完整性和错误，避免招标清单因疏漏而重新修改。

（2）投标管理。招标方提供的清单完整载入（包括项目三级结构），并可载入招标方提供的报表模式，免去投标报表设计的烦恼。清单符合检查：可自动将当前的投标清单数据与招标清单数据进行对比，自动检查是否与招标清单一致，并可自动更正以和招标清单一致。极大提高了投标的有效性。投标版本管理：可对项目进行版本管理，自动记录对比不同版本之间的变化情况，自动输出项目因变更或调价而发生的变化结果。自动生成标书：可一键生成投标项目的电子标书数据和文本标书，大大提高了投标书组织与编辑的效率。投标文件自检：可自动检查投标文件数据计算的有效性，检查是否存在应该报价而没有报价的项目，减少投标文件的错误。

（3）工程快速计价。定额计价、清单计价同一平台：清单工程直接转换成定额计价，快速进行投标报价对比。多种专业换算：系统提供多达六种的定额换算方式，可单个定额换算，也可多个定额同时换算，满足不同专业换算应用的要求。自动识别取费：自动按照各个地区定额专业要求和清单项项目识别其取费专业，帮助用户快速轻松处理多专业取费。

（4）工程造价调整。进行资源含量、价格调整时，增加了“资源锁定”功能，使得特定的资源不参与调整，多达三种调整方式帮助用户快捷地进行工程造价调整。

四、广联达工程造价指标管理系统（GIX3.0）

广联达工程造价指标管理系统 GIX3.0 是基于网络的指标管理和应用软件。它通过提供专业的指标分析模板、工程的集中式管理以及与广联达系列软件的无缝数据接口，为造价行业用户解决历史数据的指标积累和共享应用的问题。它为企业的成本分析和决策提供网络化的信息平台，最大限度地发挥知识管理的强大作用。它为个人提供了造价全过程各个阶段所需的指标信息及应用工具，提高了工作效率。广联达工程造价指标管理系统与广联达造价系列软件的关联使用，形成全过程指标应用的整体解决方案，为全过程的指标应用提供更广阔的空间。在全国十多个地区的上百家大甲方、大中介和施工企业集团中应用，分析和积累了上千个工程数据。

以广联达指标体系为基础，提供分部指标、实物量指标、措施指标、综合单价指标、人材机消耗指标、比值指标等指标分析功能，通过严格界定指标项属性和关联条件，快速定义个性化指标项。支持广联达计价软件和电子评标软件格式的导入，以及 Excel 文件导入，更大限度整合企业历史工程资源。通过数据导入和模板定义，软件自动匹配指标项，配合 10% 的手工检查，完成 100% 的指标项生成，工程数据指标化，自动、快捷、准确。指标台账库集中管理和分析，在局域网条件下，能够共享和使用数据服务器上的指标台账库。提供强大的工程查询功能，方便查询同类工程，进行横向对比，确定合理值范围和关键指标项的审核。广联达可以提供全国各地的经过广联达专家团队审核的指标台账库，扩充企业和个人的指标信息资源，方便企业了解异地信息，拓展外地市场。

第三节 工程造价数字化信息资源

一、工程造价数字化信息资源的应用

在工程造价信息中，有些信息是相对静态的，如一些最新发布的指导性文件、造价刊物和公告新闻等，对这些信息可以采用网页的形式直接发布。有些工程造价信息的特点是数据量大、结构复杂，如定额信息、预算员管理。针对这类信息，用户的需求主要是查询相关资料。为了用户能快速便捷地查询到需要的资料，需要采用数据库和 web 服务器结合的方式来完成。对一些结构特殊的信息，可以根据信息结构的特点，使用特殊的存储访问方式。比如文件汇编这类信息，文本量大，又具有特定的格式，这类信息可以采用将其 HTML 格式的文本直接存储在数据库，并在数据库中记录文件的属性（如文号、发文时间等），用户可以通过查询文件属性或输入关键词的方式查找文件，也可以采用直接做成网页的形式存放，给用户提供查找关键词的全文检索的查询方法。通过因特网和局域网的建立，为工程价格信息交流创造了条件，从而能广泛搜集国内外、省内外和市内外的最新价格信息，存入大型数据库中，并通过计算机汇总、整理、加工、分析、报送或向社会和公众开放，达到价格信息资料共享的目的。

建立工程造价信息网，将工程造价信息置于 Internet 中，可以实现工程造价资源在全球范围内的共享，可以改变目前工程造价信息缺乏的现状，通过 Internet，将各个部门、地区、单位紧密地联系起来，这样就减少了由于各部门的割裂而造成的信息流失和重复工作现象。并且，通过数据库技术在 Internet 上的应用，用户可以便捷地查询到所要的信息，而且可以使得信息的收集和加工直接在网上就可以实现，提高了信息采集和处理的效率。

二、工程估价相关的组织与机构

在信息应用水平较高的国家，有大量从事专业的工程造价管理的企业，工程造价管理可视实际情况实现不同软件之间的共享，充分利用互联网技术的便利条件，实现行业相关信息的发布、获取、收集、分析的网络化，可为行业用户提供深入的核心应用，以及全方位、全过程管理，而且行业用户对工程造价管理的信息技术应用已经上升到解决方案的高度。

在已完工程数据利用方面，英国的BICS（Building Cost Information Service，建筑成本信息服务部）是英国建筑业最权威的信息中心。它专门收集已完工程的资料，存入数据库，并随时向其成员单位提供。当成员单位要对某些新工程进行估算时，可选择最类似的已完工程数据估算工程成本。BICS要求其成员单位定期向自己报告各种工程造价信息，也向成员单位提供他们所需要的各种信息。

价格管理方面，RSA（Property Service Agency，物业服务社）是英国的一家官方建筑业物价管理部门，在许多价格管理领域都成功地应用了计算机，比如在建筑投标价格管理等方面，该组织收集投标文件，对各项目造价进行加权平均，求得平均造价和各种投标价格指数，并定期发布，供招标者和投标者参考。

由于国际间工程造价彼此关系密切，欧洲建筑经济委员会（CEEC）在1980年6月成立造价分委会（Cost Commission），专门从事各成员国之间的工程造价信息交换服务工作。造价估计方面，英、美等国也都有自己的软件，但他们一般针对计划阶段、草图阶段、初步设计阶段、详细设计阶段和开标阶段，分别开发有不同功能的软件。其中预算阶段的软件开发存在一些困难，例如，工程量的计算和价格数据的获得等，尤其是在工程量计算方面，国外在与图形的结合问题上存在困难。

与造价管理相关的国际组织如下。

（1）国际咨询工程师联合会（FIDIC）。FIDIC是由欧洲3个国家的咨询工程师协会于1913年成立的。一个国家只能有一个“全国性的协会”申请加入，不接受个人会员申请。目前有会员60余个。

（2）工程成本促进协会（AACE）。工程成本促进协会成立于1956年。它是由成本估算师、成本工程师、进度项目经理和项目控制专家组成的。目前有会员5500多人。

（3）英国皇家特许建造师学会（CIOB）。CIOB是一个主要由从事建筑管理的专业人员组织起来的社会团体，是一个涉及建设全过程管理的非盈利性的专业学会。

（4）英国皇家特许测量师学会（RICS）。RICS是世界最大的房地产、建筑、测量和环境领域的综合性专业团体，是为全球广泛认可的拥有“物业专才”之称的世界顶级专业性学会。

（5）英国土木工程师协会（ICE）。英国土木工程师协会成立于1818年。它是由致力于土木工程领域的专家和学者组成的。目前有会员80000多人。

（6）美国土木工程师协会（ASCE）。美国土木工程师协会成立于1852年。它是美国历史最悠久，也是当今世界规模最大、最具影响力的土木工程组织。

第四节 信息技术在工程造价管理应用中的展望

一、建立工程造价管理信息平台

建立一个完善的工程造价管理信息平台，开展扎实有效的信息管理工作，及时、准确、系统而完整地掌握工程造价信息，是工程造价管理者对项目进行有效投资控制和合同管理必不可少的基础。

（一）建立工程造价管理信息平台的技术支持

从逻辑功能的角度考虑信息平台的构成系统资源是构成该信息平台的基础。资源包括硬件和软件两大部分。硬件包括计算机及其外部设备、计算机网络及通信设备等。软件包括操作系统、数据库系统、程序设计语言网络软件等，其中工程软件是保证信息平台加速开发和维护的条件。目前市场上开发使用的软件有工程概预算软件、招投标软件和合同管理软件。

（二）建立工程造价管理信息平台的系统支持

1. 建设各阶段系统

工程造价管理工作主要是随工程建设的进程而逐步深入的，因此又可以进一步初步划分工程造价子系统为 4 个更小的子系统：投资决策系统、设计控制系统、招投标系统、实施控制系统。这 4 个子系统就是具体处理各阶段工程造价的确定与控制业务的。

（1）投资决策系统。投资决策阶段主要工作在于编制项目建议书、进行可行性研究。尤其是可行性研究，它的工作内容为"市场研究""技术研究"和"效益研究"，并最终形成可行性研究报告。

（2）设计控制系统。设计控制系统是指在设计阶段造价的确定与控制，既要进行概算和预算造价的确定，更要充分体现利用估算主动控制初步设计。对拟建项目的估算造价和概算造价做分析与规划，将其分解到各组成工程中，以此分解造价来分别限制初步设计和施工图设计，达到限额设计的目的。

（3）招投标系统。招投标系统由招标管理与投标管理两个子系统组成，主要应反映出甲方的招标管理、乙方的投标管理、甲方的评标与甲、乙方施工合同的签订等信息的处理。

（4）实施控制系统。工程项目的实施均需甲、乙双方的合作，共同完成，而且甲、乙方各自的目的、任务也不同，因此有必要进行“实施控制”，区分“甲方系统”与“乙方系统”。

2. 应用软件系统

工程造价应用软件应通过分析工程造价工作的需求，以人为本进行设计，要充分考虑系统使用的群众性，在保持其全面、强大功能的同时，尽量友好简化界面，方便用户操作。通过所见即所得的界面及操作，最大限度地实现接近手工编制工程造价的习惯，使计算机操作水平相对较低的专业人员也易于学习和掌握通过自动关联计算实现功能无序化操作，通过一处功能多种实现（即完成同一功能可能有多种方式），顺应应用人员的思维方式及操作习惯。

工程造价应用软件要进一步升级到对价格进行自动分析、判断和比较上。如果通过计算机可以收集到各种竣工工程的各类价格信息，比如工程特征、造价成本、造价指数分析等方面的数据，作为经验数据组成智能化专家系统，在实际的工作中，便可以借助它们对某一新建工程的价格数据进行分析比较，从而判断其是否失常，为各级领导提供决策信息。这样不仅有效地改进了工程审核工作方法，提高了审核工作效率，而且还能根据实际情况进行动态调整，使审核的结果更加准确，更具权威性。

3. 信息处理集成化系统

工程造价工作应该将信息处理的范围扩展到相关系统，如企业定额编制系统、投标报价系统、施工管理系统、材机数据收集系统、工程造价数据收集系统、造价指标系统、工程设计的其他设计过程。例如，可以和 CAD 系统融为一体，凡是使用 CAD 系统绘图的工程，可以直接利用 CAD 软件计算出工程量，然后，借助局域网传输到工程造价应用软件上，再根据结构部位及尺寸等方面的要求，自动在价格信息资源库中提取数据进行计算。企业定额直接传给投标报价系统，企业管理系统中的数据又可进入造价信息收集系统，指标系统又可对整个报价工作进行检验和指导。这样不仅确保了设计数据一致性、准确性，而且还大大地提高了招标投标工作的自动化水平，从而实现计算机技术应用的集成化与系统性。

二、利用信息技术的网络化管理

工程造价信息的有效收集、分析、发布、获取全部用网络来管理。工程造价信息具体指的是与工程造价相关的法律、法规、价格调动文件、造价报表、指标等影响工程造价的信息。网络化信息供应商将在整个工程造价行业中扮演至关重要的角色，例如，通过网络搜集全国以至全球的建筑市场各类信息，予以整理和发布，为行业用户提供最准确、及时的商机。还有，网站可以分析各地的造价指标，为建筑市场的行情提供走势预测，为所有的行业用户提供工程造价的参考。搜集各地的材料价格行情，为用户提供参考。建立起统一的工程造价信息网，不但有利于使用者查询、分析和决策，更有利于国家主管部门实行统一的管理和协调，使得工程造价管理统一化、规模化、有序化。

（一）建筑市场文化的网络化

随着网络的快速发展，网络的相关应用将无所不在。而且例如身份认证、网上支付等技术都已经成熟。不久的将来，电子商务将得到全面的应用。网络化的电子招投标环境将有利于工程造价行业形成公平的竞争舞台。而且行业用户的交易成本将大幅降低。建筑材料的采购和交易也将全部通过电子商务平台实现。届时，所有企业都将体会到电子商务的高效。

（二）资源有效利用的网络化

工程造价的每个过程中，用户都可以充分地发掘和利用网络资源。网络的特点就是不受地区限制，可以让用户在全球的范围选择最低的成本和最佳的合作伙伴。例如面向全球的建筑设计方案招标，就可以充分利用网络资源进行全球范围选择，提供最优的设计方案。在工程造价的计算过程中，可以利用网络寻找合适专业人士，进行远程的服务和协同工作，创造出更好的结果。

（三）信息网与造价软件的结合

当前市场上的造价软件中所需的材料价格大多采用人工录入价格的形

式。有的是整体地引入，有的则是一个个输入，大大影响了快速报价的进程，同时也不能及时与市场接轨，无形中削弱了企业的竞争力。信息网和造价软件的整合将消除这一矛盾，在造价软件中直接点击相应引入按钮，输入要引入信息所在地点的详细资料，即可随时得到相应材料的价格。若所引入的材料价格有所变动，软件中的预警系统将自动提醒操作者更新价格。这不但缩短了录入材料价格的时间，还达到了随时更新的目的。

信息网与进度控制软件。工程控制的一个重要目标是成本控制，而成本控制在无形中又影响着进度和质量的控制，同时市场的变动将直接影响着投入的成本和资源的分配，而这必将导致工程进度的变动。所以，工程项目现场的进度控制也应通过成本控制时刻反映市场的变动。信息网与进度控制的整合也将成为必然。软件与信息网的整合比起信息网的建立有更大的难度，但这确是建筑业发展的必然趋势，同时也必将带来广阔的市场前景。

三、利用信息技术的全生命周期的集成管理

建设项目的生命期就是一个集成的过程，应当用集成的思想来理解，用集成的方法来管理。在建设项目的集成场中，项目的目标状态形成集成场的基核。通过基核吸引和聚集各种场元，从而形成集成场。围绕项目对象，项目各参与方运用组织、经济、管理和技术等手段，促使项目从初始状态，经历一系列连续的状态演变，最终达到目标状态，即实现建设项目的目标。集成场的结构和功能最终取决于基核与场元之间的交互作用关系，也即基核与场元、场线之间的相互作用协调的程度或称耦合度。项目目标状态是建设项目集成场的基核，围绕这一基核，建设项目经历前期决策，设计与施工及生产运营，不断增值的过程；同时，建设项目有多个参与方，各个参与方都在实施自己的项目管理，他们之间应该形成有机的协同匹配，从而实现集成体的优势聚变，即最优化地实现建设项目的目标。因此，建设项目的集成管理体现在纵向上过程的集成和横向上各参与方及政府主管部门的管理集成。

工程项目集成管理的研究应包含两方面的内容，即建设过程的集成与管理的集成，其中管理的集成又分为项目参与方项目管理的集成和业主方项目管理的集成。建设过程的集成致力于寻找建设期与运营期的平衡，项目全生

命期管理不仅仅从建设项目实施阶段的角度，还应从项目建成后的运营角度，综合地考虑、分析，建立项目全生命期的目标。并在满足法律法规的前提下，寻求各个参与者均能满意的实施方案。

信息是从事与建设项目相关活动的依据，是项目参与各方进行决策的基础，是建设项目组织要素之间沟通的主要内容，是项目实施过程中各种活动之间逻辑关系的桥梁。为了实现项目全生命期内建设项目管理过程的有效集成，信息在全过程有效、正确地传输过程中是必不可少的，项目全生命期内信息的共享是必要的。因此，通过建设项目管理信息集成系统可以建立信息共享机制，实现项目组织间的信息共享、项目管理不同领域的信息共享和建设项目全生命期内的信息共享。

建设项目的管理过程，同样是知识的汇集过程。项目管理中的知识集成主要包括两点，一是项目组外集成项目管理所需的知识和信息，帮项目组进行有效的管理；二是在项目组内集成项目管理所需的和新产生的知识和信息。充分利用信息技术和知识集成技术，建立以知识和信息为基础的知识型组织和知识集成平台，促进知识和信息交流共享，培养项目组成员间的知识共享能力，创造知识和信息共享环境，提高项目组成员知识创新的能力。将项目中积累的知识资源进行整理和规范化，用于以后的类似项目中，使项目管理知识得以继承和重用。

四、利用信息技术的全过程与全方位的造价管理

建设工程全过程是指建设工程前期决策、设计、招投标、施工、竣工验收等各个阶段，工程造价管理覆盖建设工程前期决策及实施的各个阶段，包括前期决策阶段的项目策划、投资估算、项目经济评估、项目融资方案分析；设计阶段的限额设计、方案比选、概预算的编制；招投标阶段的标段划分、承发包模式及合同形式的选择、标底编制；施工阶段的工程计量与结算、工程变更控制、索赔管理；竣工验收阶段的竣工结算与决算等。

随着竞争的日益激烈，工程造价行业内部的相关企业和投资者都必须提升自己的竞争能力。其中，如何提高一个企业的成本控制能力或投资者的造

价控制能力是关键因素。信息技术的发展则给全过程动态造价管理的实现带来了可能。

建设工程造价管理不仅仅是业主或承包单位的任务，而应该是政府建设行政主管部门、行业协会、业主方、设计方、承包方以及有关咨询机构的共同任务。尽管各方的地位、利益、角度等有所不同，但必须建立完善的协同工作机制，才能实现对建设工程造价的有效控制。

随着网络化和全过程的信息技术在工程造价行业的深入应用，整个工程造价行业都将在以互联网为基础的信息平台上工作。

参考文献

[1] 宋萌萌 . 基于大数据和 BIM 的工程造价管理研究 [J]. 建材与装饰，2018（27）.

[2] 麻海峰 .BIM 在工程造价管理中的应用实践分析与研究 [J]. 山西建筑，2018（04）.

[3] 王文静 . 基于大数据和 BIM 的工程造价管理研究 [J]. 四川水泥，2018（05）.

[4] 尹澍妤 . 基于大数据和 BIM 的工程造价管理探讨 [J]. 城市建设理论研究（电子版），2018（06）.

[5] 张进 .BIM 技术在工程施工阶段造价控制中的应用 [J]. 现代物业（中旬刊），2018（01）.

[6] 喻奉超 .BIM 技术在市政道路设计中的应用研究 [J]. 建材与装饰，2018（20）.

[7] 闫丹 .BIM 技术在工程造价管理中的应用分析 [J]. 建材与装饰，2018（20）.

[8] 陈银银 .BIM 在工程造价管理中的应用及相关问题研究 [J]. 建材与装饰，2018（19）.

[9] 谷洪雁，布晓进，贾真 . 工程造价管理 [M]. 北京：化学工业出版社，2018.

[10] 周国恩，陈华 . 工程造价管理 [M]. 北京：北京大学出版社，2011.

[11] 张文丽 . 大数据和 BIM 下的工程造价管理探讨 [J]. 山西建筑，2017（21）.

[12] 缪雯筠 . 浅谈大数据环境下工程造价信息化管理 [J]. 铜业工程，2017（03）.

[13] 汪飞佳 . 大数据环境下工程造价管理信息化对策分析 [J]. 建材与装饰，2017（23）.

[14] 全国造价工程师执业资格考试培训教材编审委员会 . 建设工程造价管理 [M]. 北京：中国计划出版社，2017.

[15] 鲍仙君 . 浅析 BIM 技术在工程造价管理中的应用 [J]. 智能建筑与智慧城市，2017（07）.

[16] 曾润喜，王琳，杜洪涛 . 基于知识管理视角的大数据研究网络与结构研究 [J]. 情报学报，2016（11）.

[17] 于保忠 .BIM 技术在工程造价管理中的应用研究 [J]. 城市建设理论研究（电子版），2017（17）.

[18] 马知瑶 . 基于大数据和 BIM 的工程造价管理研究 [J]. 居业，2017（09），

[19] 范晶晶 .BIM 技术在工程造价管理中的应用研究 [J]. 江西建材，2016（19）.

[20] 黄恒振 . 基于大数据和 BIM 的工程造价管理研究 [J]. 建筑经济，2016（09）.

[21] 金琪 . 大数据时代的工程造价管理行业对策分析 [J]. 中外企业家，2016（18）.

[22] 赵世强，肖虎 . 大数据环境下工程造价信息化建设的思考 [J]. 科技创新与应用，2016（12）.

[23] 陈婷婷，王宇 . 大数据分析对工程造价精确性的影响分析 [J]. 工程经济，2015（06）.

[24] 边岳 . 建筑工程造价因素分析及控制措施分析 [J]. 价值工程，2015（06）.

[25] 彭蔚 .BIM 在建设工程造价管理中的适用性分析 [J]. 工程经济，2015（06）.

[26] 何丽琴 .BIM 技术在全过程工程造价管理中的应用分析 [J]. 中国建材科技，2015（03）.

[27] 蔡伟庆 .BIM 的应用、风险和挑战 [J]. 建筑技术，2015（02）.

[28] 周季礼，李德斌 . 国外大数据安全发展的主要经验及启示 [J]. 信息安全与通信保密，2015（06）.

[29] 谷洪雁 . 建筑工程计量与计价 [M]. 武汉：武汉大学出版社，2014.

[30] 汪茵，高平，宋蓉 .BIM 在工程前期造价管理中的应用研究 [J]. 建筑经济，2014（08）.

[31] 韩学才 .BIM 在工程造价管理中的应用分析 [J]. 施工技术，2014（18）.

[32] 吕小捷 . 浅谈建设项目前期工程造价管理 [J]. 黑龙江科技信息，2014（06）.

[33] 季迎虎 . 浅析建筑工程管理中的全过程造价控制 [J]. 中国新技术新产品，2014（18）.

[34] 王丽芳 . 论建筑工程管理中的全过程造价控制 [J]. 门窗，2014（09）.

[35] 彭大敏，王罕 . 大数据环境下工程造价管理对策分析 [J]. 建筑经济，2014（11）.

[36] 曹丽梅 . 建筑工程造价的合理有效控制与探索 [J]. 门窗，2014（10）.

[37] 孙凯，刘人怀 . 工程管理信息化规划与实施 [J]. 中国工程科学，2014（10）.

[38] 刘玲，陈欣 . 全寿命周期工程造价信息数据共享研究 [J]. 建筑经济，2014（01）.

[39] 赵秀云 . 工程造价管理 [M]. 哈尔滨：哈尔滨工业大学出版社，2013.

[40] 纪博雅，金占勇，戚振强 . 基于 BIM 的工程造价精细化管理研究 [J]. 北京建筑工程学院学报，2013（04）.

[41] 马楠，张国兴，韩英爱 . 工程造价管理 [M]. 北京：机械工业出版社，2012.

[42] 徐锡权，孙家宏，刘永坤 . 工程造价管理 [M]. 北京：北京大学出版社，2012.

[43] 王英，李阳，王廷魁 . 基于 BIM 的全寿命周期造价管理信息系统架构研究 [J]. 工程管理学报，2012（03）.